New window 新視野128

看半澤直樹，學10倍職場成功術

夕顏

高寶書版集團

クソ上司に倍返し！

小職員和中階主管出人頭地，
提升戰力的17個生存定律

Preface

前言

重新找回工作的意義

「銀行職員不是為了保護銀行而工作，而是為了這個國家的勞動人民在工作。這個理念絕對不能忘。我們不是為了上司和組織在工作。」

話題日劇「半澤直樹」最後一集，創下了四十二・二%的超高收視率，超越了「家政婦」，榮登本世紀最強的日劇。這是一部描寫泡沫經濟時期入行的熱血銀行員半澤直樹，與銀行內外對手競爭的故事。在上下階層嚴明、激烈競爭的日本銀行界力爭上游的故事，半澤有仇必報，快意恩仇的行事作風，搭配經典台詞「加倍奉還；十倍奉還；百倍奉還」讓廣大的上班族莫不大呼過癮。

但在半澤課長成功收回完成任務，回收貸款並逼迫上級主管下跪道歉之後，本劇留給我們更多的是關於職場的反思。媒體和觀眾往往流於注意誇張的劇情和過癮的報復，其實半澤直樹教了我們更多隱藏在情節細節之中的職場成功術。

以下是幾個半澤直樹教我們的工作提點：

1. 打造職場人脈地圖

史丹佛大學的研究報告指出我們賺的錢有超過八十七．五％來自於關係，只有十二．五％來自於知識。半澤身為一個中階課長，底下有一起加班，任勞任怨的好屬下；還有同時間一起進銀行的好朋友渡真利和近藤一起蒐集資訊。總能找到對的人來幫忙是半澤直樹的一大成功要素。

2. 懂得觀察細節

身為銀行的融資課課長，半澤隨時隨地都在觀察別人所沒留心的細節。不管是表情、言語中的破綻，或是工廠的辦事方法，避免放出無法追回的貸款，並從中發現矛盾之處，加以破解。

3. 強大的說服技巧

像是一開始不信任銀行，但後來相信半澤並為其跑腿的竹下社長；以及可以選擇和黑崎檢察官合作的情婦藤澤未樹。半澤總是用他獨特的做事方法取得對手的信任。

4. 永遠支持他的完美妻子半澤花

銀行行員每天處理數字，有著無法出錯的壓力，下班時家庭的溫暖就很重要，半澤的妻子花每天為老公準備豐盛的食物，老公也樂於跟她討論工作上遇到的問題當作適時的紓壓。她還參加了不想去的職員夫人聚會，來為老公打好關係和蒐集資料。當老公面臨被調職或打壓的壓力，她總是表示無條件支持。成為半澤在職場打拼時最有力的支柱。

5. 善用數字為你說話

本劇成員都是銀行界的菁英，這個技巧一般上班族學會了也很好用。

6. 堅實的體魄和堅強的意志

熱衷於劍道所鍛鍊出來的堅實體魄和超強意志力，是半澤直樹對抗壓力的祕密武器。科學家更發現了腦內啡這種經由運動，人體可以自行生成的天然興奮劑，簡直是上班族對抗壓力的最佳工具。

7. 找回工作的信念

半澤在劇中曾說：「銀行其實是放貸、放貸、賺利息，僅此而已。所以我們才要準確地鑑別借款人，並對他們的未來負責。銀行職員不是為了保護銀行而工作，而是為了這個國家的勞動人民在工作。這個理念絕對不能忘。我們不是為了上司和組織在工作。」

8. 最後，別輕易學習半澤直樹的以牙還牙，十倍奉還

最後一集結尾半澤的升遷不如預計，令很多觀眾很吃驚。其實，就連原著作家池井戶潤都說：「在現實生活中模仿半澤作法的話，只會讓自己無容身之地。」我們並不像劇中主角有殺父

之仇要報，在職場上也沒有永遠的敵人。工作上的怨氣想要一吐為快的話，讓劇中主角替你說出來就好了。

在台灣現今社會低薪給付和高度分工的壓榨下，我們常常會忘記工作最初的熱情所在，記得銀行員不是單純的放貸賺利息，而是用這筆錢完成客戶的夢想；出版書籍不是為了出名或登上排行榜，而是分享自己心中最真實的想法；政治人物不是為了權力傾軋，而是為了改善人民共有之事。每個人的工作都是為了讓這個世界更美好。

本書精選了十七則深藏在劇中的半澤直樹式職場智慧，希望在你對工作迷惘之時，幫助你找回工作的熱情和初衷。

劇情簡介

第一部　大阪篇

半澤直樹的父親經營的小螺絲工廠因為資金問題，被產業中央銀行收回貸款倒閉因而自殺。半澤抱持著幫父親報仇和成為行長的夢想，在泡沫經濟時期進入產業中央銀行和東京第一銀行合併而成的「東京中央銀行」擔任融資課課長。「舊東京第一」與「舊產業中央」派系鬥爭始終在銀行內部暗潮洶湧。一天，半澤負責的客戶西大阪鋼鐵突然惡性倒閉，社長東田滿留給銀行五億元債務潛逃。上層開始意圖把全部責任推給半澤。最後因為半澤等人的努力，成功回收五億元並揭穿背後陰謀。之後半澤順利升任東京本部營業第二處次長。

第二部　東京篇

半澤升任次長的一年之後，銀行貸給老客戶伊勢島飯店兩百億元，後發現伊勢島飯店有一筆一二〇億元的虧空款項。在即將到來的金融檢查廳檢查中，若伊勢島飯店被認定為問題企業，銀行名譽就會受損且被迫改組，形同倒閉。於是行長中野渡謙將此事委託曾因回收五億元而聲名大噪的半澤來處理。在調查伊勢島飯店虧空的一二〇億元時，查出了京橋分行有掩蓋不法的事實，使得半澤持續向上級追查，而上級關係人之中就有導致父親自殺的負責人大和田常務……

クソ上司に倍返し！

Part 1

事半功倍的工作力

Rule

01

細節決定你的成敗

「我只說了他在國外投資房產，你卻不說高爾夫球場，也不說地皮，而是直接斷言是別墅。證明你知道那個房產。」

半澤直樹能夠達成回收五億元的不可能任務，除了他所樹立的個人形象值得信任，進而讓他獲得許多人的協助，另外還有一點，可以歸功於他敏銳的細節觀察力。

例如，對於惡性倒閉的東田所派來的間諜板橋，因為半澤注意到板橋提及東田在海外的房地產時使用了「別墅」兩字，還有宣告工廠倒閉破產的他，竟然花大錢搭長途計程車這些關鍵性的細節，才讓他的間諜身分曝光，並進一步從板橋口中問出東田位於夏威夷的別墅位置，進行扣押。

除此之外，全劇中隨處可以看見半澤卓越的細節觀察力。比方與固執的小村進行交涉時，也是因為半澤察覺到小村對突然跑進病房的小男孩所表現出來的不尋常激動，因此才能進一步發掘小村對於親情的渴望，並幫助他達成心願，最終也成就了自己。

魔鬼與天使都藏在細節裡

古今中外的成功者，都相當重視細節。例如，鴻海集團董事長郭台銘最著名的格言就是：「魔鬼藏在細節裡。」而股神巴菲特也曾說過以下這段話：「我們可以看到，那些做事馬虎的青年人是很難有所作為的。青年人應該養成注意細節的習慣，因為細節中往往蘊含著機會，細節往往決定著成敗。」

《賈伯斯傳》中，我們看到蘋果創辦人賈伯斯對細節的追求，連看不到的地方都斤斤計較。在設計麥金塔電腦的時候，傳統想法中認為消費者不會在意的印刷電路板，他卻要求工程師不要畫得太近，不要擠在一起，顛覆了工程師只要求電腦跑得順不順，不在意電路板美不美的想法。他說：「一個好木工在釘櫃子的時候，會用一塊爛木頭來做背板嗎？」

由此可知，細節決定著你的成敗，魔鬼與天使都隱藏在細節裡頭。《細節決定成敗》的作者汪中求說過：「細節的不等式意味著一%的錯誤會導致一〇〇%的錯誤。」有時候，一百減去一不是等於九十九，而是等於零。以下的故事，正是最能體現這句話的真實事例。

現今大家都知道電話的發明者是亞歷山大・格拉漢姆・貝爾（Alexander Granham Bell），貝爾也因為這項發明而聞名。然而，很少人知道其實早在十五年前，德國著名的物理學家約翰・飛利浦・瑞史（John Philipp Reis）已經發明了類似的物品，從各方面來看，兩者相差無幾。

奇怪的是，瑞史的電話只能傳送口哨的聲音，無法傳遞人們的聲音。原來，瑞史的電話當中，一顆控制電極的小螺絲偏離了千分之一吋，而貝爾電話中的螺絲，則是完好地在其該有的位置上。正因為如此，人們的聲音才得以清晰地傳送。

由此可知，差錯往往最容易發生在細節裡，唯有每個細節都到位，才能產生成功。正如文藝復興的三巨匠之一米開朗基羅所說：「完美不是一個小細節；但注重細節可以成就完美。」

見微知著，審時度勢方為辦事良策

古人說：「成大事者不拘小節。」人們經常將這句話曲解成「做大事的人不必關注小事」，其實此話的真正含意應該在於「做大事的人要掌握問題的主要矛盾，別在細微末節上糾纏」，並非意謂小節不重要。

《韓非子．說林上》：「聖人見微以知萌，見端以知末，故見象箸而怖，知天下不足也。」意指見到事情的苗頭，就能知道它的實質和發展趨勢，通過一個小細節，就能預料到事情的發生，從而及時改變不利情況，或者捕捉機會。

三國時代的司馬懿即是深諳此道的箇中高手。蜀漢的兩次北伐，都因為司馬懿防守得宜，最終糧盡軍退，宣告失敗。一次，魏、漢兩軍相峙了百日，諸葛亮多次派人挑戰，司馬懿軍始終堅守不出。諸葛亮故意讓人帶一套女人的衣服、頭巾送給司馬懿，譏笑對方畏戰並非男子漢所為。誰知司馬懿竟不怒反笑，還重賞來使。

司馬懿詢問來使：「你們丞相平日飲食如何，忙不忙？」絲毫沒有提及軍事。使臣回答諸葛亮事事親力親為，食少事煩。司馬懿聽了後對身旁部將說道：「諸葛亮確實忠心無私，但是不肯信託別人，事無巨細都要自己管，當主帥怎麼可以這樣？況且他食少事煩，看來是活不久了。」果然不久後，諸葛亮因積勞成疾而病倒，病逝於五丈原。

正如半澤直樹能從牧野精工與西大阪鋼鐵兩家工廠現場所呈現出截然不同的表現，預見兩家公司的命運，在在說明他對於細節的敏銳觀察。身為曹魏帝國四世三代的輔政大臣，同時也是西晉王朝的奠基者，司馬懿同樣擁有敏銳的觀察力，因此能夠成為推動三國統一的重要推手。由此可見，敏銳的觀察力，在瞬息萬變的職場與商場上，是絕對不可或缺的重要力量。

Rule

02

沒有收服不了的敵人，只有用錯誤方式逼敵人就範的傻瓜

「我被妳打過兩次。像妳這麼堅強的女性非常適合成為經營者。是妳的話一定辦得到！」

半澤直樹之所以能成功回收被東田倒帳的五億元債務，最關鍵的因素在於得到東田的情婦藤澤未樹的協助。兩人原本處於敵對態勢，為何藤澤未樹會突然倒戈願意協助半澤呢？其中最大的關鍵就是，半澤掌握了藤澤未樹想獨當一面創業的心願，肯定她的夢想，並當面表示願意協助她的意願，才因此打動藤澤未樹的心。

然而，半澤直樹的拉攏作戰並非一開始就如此順利。全劇中，兩人直接交手的場面總共有三次。第一次交手，半澤遭到未樹的突然襲擊，讓好不容易追查到行蹤的東田得以脫逃。第二次的交手，半澤拿出未樹劈腿別的男人的照片，威脅未樹拿出東田祕密戶頭的存摺，不然就要告訴東田，讓她失去援助無法開設夢想中的美甲沙龍。未樹盛怒之下摑了半澤一巴掌，雙方不歡而散。

第三次的見面，半澤卻一改之前的態度。對於面露不耐的未樹，半澤首先稱讚她的美甲沙龍開店位置是「明智的選擇」，表示願意主動提供協助，讓銀行融資開店資金給未樹。他拿出準備好的貸款相關資料說：「如果妳真的有夢想要開店的話，就不應該依賴東田，堂堂正正地去向銀行借錢吧。銀行存在的理由就是為此。」面對半澤主動釋出的善意，未樹首次軟化：「像我這樣的人真的能夠重新來過嗎？」對此，半澤直樹的回答是：「我被妳打過兩次。像妳這麼堅強的女性非常適合成為經營者。是妳的話一定辦得到！這是身為銀行員的我的真心話。」

其實，在此當下，向未樹提出合作提議的人並非只有半澤一人，一直以來緊追不捨的國稅局長官黑崎駿一也找上了未樹，告訴她只要拿出東田祕密資金的帳戶資料，就網開一面讓她保留開店的資金。

最後，藤澤未樹選擇了與半澤合作。三個人當中，未樹為何選擇與乍看之下最辛苦、最需要自食其力的半澤合作，其原因就在於，東田與黑崎都是用「金錢」來誘惑她，半澤提出的卻是

「自食其力成就事業的夢想」。三人當中，半澤是唯一肯定她能靠自己闖出一番事業、並對她的夢想表示敬意的人。

收買敵人的首要原則，向對方表達你的敬意

當你想收服一個人的心，尤其那個人又是你的敵人時，首先，你應該主動釋出你的善意。也許有人會覺得，突然改變態度未免太巧言令色。之所以會這麼想，是因為你在下意識裡仍把對方當成「敵對」的對象。人與人之間的氛圍是很微妙的，若你無法敞開心胸去接納對方，對方也不會信賴你。正如聖雄甘地所說：「你不能和一個握緊的拳頭握手。」

那麼，該怎麼做才能讓自己放開心胸去接納對方呢？最有效直接的方法就是，向對方表示你的敬意。

新進公司的M小姐覺得自己的上司直屬S課長每次說話都不留情面，老愛在眾人面前數落她，她覺得上班壓力很大，甚至萌生離職的念頭。有一天，S課長一如往常地在眾人面前碎唸她的簡報資料準備得不夠周全。當課長的炮轟好不容易停止，M小姐總算可以回到座位之際，她發現S課長為了讓她方便經過，竟然特意將椅子稍稍往前挪。於是她隨口說了一句：「課長，您好貼心。」沒想到，S課長當下竟然滿臉脹紅，嘴巴喃喃自語：「這又沒什麼。」一副很不好意思的樣子。

自那以後，M小姐發現S課長其實不如他嚴肅的外表那麼難相處。便提起膽子試著多在人前讚美他，結果課長的態度不但變溫和許多，不再在人前數落她，還會在私下對她耐心指導。原本處事較不拘小節的M小姐，從S課長那邊學得許多處理事務的細節與訣竅，在工作上也交出了亮眼的成績。

而半澤與未樹原本敵對惡化的關係，之所以能夠產生決定性的轉變，其契機正是半澤與妻子花的一番對話。花用自己打工的錢幫半澤買了新的公事包，並說道：「女人工作的目的不僅僅在於金錢，我們也是各自懷抱著不同的想法在工作的。銀行也要好好重視女性的這種心情哦。」這番話讓半澤領悟當初自己威脅未樹若不乖乖提供協助，就要讓她開不成美甲沙龍時，為何她的反應如此激烈。對未樹而言，那間店不僅只是從男人那邊拿到的貢品，更是託付自己今後所有夢想的希望。因為理解了這一點，半澤在第三次見面時才能提出打動未樹的合作方案。

金錢建立的關係不可靠，唯有滿足對方深層需求，才能建立牢固合作關係

鋼鐵大王卡內基每天日理萬機，但他卻能記住每個遇見的人的名字，就連在自家工作的僕人，他也能一個個正確喊出對方姓名並主動打招呼，卡內基的成功應該有一部分歸功於他極佳的人脈，這樣的他曾說過以下這句話：

你明天所遇到的人裡面，有四分之三都在尋找「與自己意見相同的人」，滿足他們的這個願望，就是讓別人喜歡你的祕訣。

知名社會心理學家馬斯洛（Abraham Maslow）將人類的需求分為五個層次，由低至高分別是生理需求（如食物、水、空氣等）、安全需求（人身安全、生活安定等）、感情需求（友誼、愛情等）、尊重需求（自主性、受到尊重）、自我實現需求（發揮才能、得到肯定）。由高層次的需求可知，人們渴望受到尊重、肯定，希望讓自身才能得以發揮。

以利誘之，下等；雪中送炭，中等；助其成就自我，上等

比起將末樹視為玩物的東田、認為末樹只能靠美色向男人要求金錢的黑崎，半澤直樹卻掌握了未樹想獨當一面創業的內在需求，並肯定她擁有經營者的特質。受到他人的肯定，沒有人會感到不愉快，倘若今天肯定你的人是你的敵人，那份喜悅更是加倍。提到收買人心，常聽到的說法是「錦上添花為下等，雪中送炭為上等。」從以上的例子看來，也許可以將這句話改為「以利誘之，下等；雪中送炭，中等；助其成就自我，上等。」

正如半澤直樹最後對東田說的那句話：「你以為只要有錢就什麼都辦得到，那就大錯特錯了。沒有人願意跟隨你這種混蛋。你根本就不配當社長。」以利誘之的關係，利聚則來，利盡則散。唯有真正掌握人心，才能建立真正堅實的信賴互助關係。

Rule

03

用精準的數字，打造專業形象

「如您所見，畫作一〇七件，以及建設美術館用的土地房產已決定變賣，剩下的四十一件現在也在進行買賣契約的商議，一共是一一六億三二〇萬。加上我之前提到的員工宿舍等的變賣，填補一二〇億的損失綽綽有餘。」

無論是半澤直樹、黑崎檢察官、福山啟次郎……等人，劇中的菁英都有一個共通點，就是精準的數字概念。例如半澤面對黑崎緊追不捨的伊勢島飯店一二〇億元損失的填補一事，就是拿出精準的數字，當場堵得黑崎啞口無言。

由於此劇是以銀行為背景，因此劇中人物相當注重數字，然而在一般商務場合，精準的數字觀念，其實也關係到他人對你的觀感以及信任度。

黑字員工與赤字員工的差別

能夠創造利益的優秀黑字員工，與無法創造利益的赤字員工，最大的差別就在於，其工作的成果能否用「數字」來思考。如果無法學會用數字來思考，即使你再努力，也無法得到相應的評價。日本知名會計師兼商管書作家香川晉平就曾指出，數字在商務世界中之所以重要，原因就在於「具體性」與「預測可能性」。

打個比方來說，業務員小張與小陳兩人分別向上司報告他們一天的工作進度。

小張說：「我今天非常努力，跑了好多家客戶。」而小陳的報告是：「今天我拜訪的四家公司中，乙公司和丙公司看來機會較大。我和兩間公司約好在下週三，十八號之前回覆，如果進行順利的話，這兩家大概能夠創造六十萬元的營業額。」

如果你是上司的話，你會看重哪一個人呢？不用說，當然是後者吧。無論是拜訪的公司家數、日期、預定營業額都有具體的數字表示，上司也就能把握小陳的工作表現與進度。

針對數字對於一個人工作表現的影響，前述香川晉平一針見血地指出：「在商務世界裡，唯有擅長使用數字的人，才能獲得肯定與重用。」

身為優秀銀行員的半澤，全劇中可以看到無論是在融資會議或是面對金融廳的檢查，他都能以具體的數字為基礎，提出具有說服力的論述或反駁。由此可知，數字概念的確是工作上不可或缺的重要能力。

目標也要具體數字化，才容易實現

優秀的商務人士除了擅長將其工作的成果具體數字化之外，他們也擅長將自己的目標以具體的數字表現出來。目標訂得越明確，實現的機會就越高。將目標以數字明確化，並因此達成的例子中，最廣為人知的就是日產汽車執行長卡洛斯．高恩（Carlos

Chosn）。

一九九九年，高恩接掌負債兩兆日圓、陷入經營危機的日產（NISSAN），開出了「日產復興計畫」（Nissan Revival Plan）。計畫內容如下：

1. 關閉五間工廠
2. 國內產量從二四〇萬輛減少至一六五萬輛
3. 縮減二萬一千名員工
4. 成本壓縮二十％

果然，日產的業績開始顯著上揚，並且比原本計畫提前一年達成目標。接著，高恩同樣打出數值化的「日產一八〇」中期計畫，上任僅用短短四年就讓日產脫胎換骨，創下破紀錄的銷量與利潤，還清了高達兩兆日圓的債務。這樣的他，也贏得了日本人「企業武士」的封號。

曾經被日本媒體評為「平成百大知名經營者」，帶領日本黛安芬連續十九年業績成長的日本黛安芬前社長吉越浩一郎，在其著作《入社會3年，薪水翻3倍》中，就曾如此形容將目標數值化的效果：

「把目標化為具體數字，可以讓我們從數字看出結果是好是壞。要是失敗了，再多的解釋跟辯解都沒有用，因此我們能夠老老實實地反省，繼續從錯誤中嘗試，避免自己再度失敗。另外，我們還會體認到努力的重要性。」

想要成為在公司內嶄露頭角的員工，你必須學會的就是用具體明確的「數字」定下目標，並且排除萬難達成使命。

Rule

04

打造關鍵人脈地圖

「我們長久合作的牧野精機說很感謝你。雖然不相信銀行，但是我相信你。」——竹下清彥

半澤直樹一開始面臨回收五億元的難關時，出現了一個從旁協助的得力助手，就是同樣因為西大阪鋼鐵惡性倒閉的牽連，因而連鎖倒閉的竹下金屬社長，竹下清彥。這位竹下社長不僅擅長打探消息，更擁有媲美狗仔的拍照和跟蹤功夫，也是讓半澤直樹發現淺野分店長與東田私下交情的關鍵。

回收五億元呆帳的大功臣竹下社長，對於半澤並非一開始就採取合作的態度。在他眼中，銀行與東田是一丘之貉，對於銀行員半澤也沒有好臉色。

雖然半澤表明對東田要「以牙還牙，以眼還眼，加倍奉還」，竹下並未輕易表示要協助。

而竹下的態度之所以有了極大的改變，關鍵就在於，半澤曾協助過竹下金屬公司的合作夥伴牧野精機公司，由於半澤之前協助牧野社長獲得銀行貸款，社長對半澤感念至深。知道了半澤與牧野精機這段合作關係之後，竹下表示：「雖然不相信銀行，但是我相信你。」成為半澤的得力助手。

成功必須靠平常人脈的累積

史丹佛大學研究中心發表的一份調查報告指出：「一個人賺的錢，十二．五％來自知識，八十七．五％則是來自於關係。」根據韓國《東亞日報》的調查，詢問自首爾大學MBA課程畢業的人最大的收穫是什麼，三十三．三％都回答：「是人脈養成。」作家中村勝宏更在其著作中提到，現今是「專業是利刃，人脈是祕密武器」的時代。各界成功人士均認同人脈是成功不可或缺的重要要素。

人人都知道想要成功必須借助他人的力量，單打獨鬥無法做出一番大的事業。擅長與人斡旋的人與一般人最大的不同之處在於，他們很清楚「打動他人靠的是人際關係而不是說理」。

很多人誤以為只要有戰略或理論，就能說服他人。這是大錯特錯的觀念。能靠著戰略或理論讓人為他工作的，只有位高權重的人，也就是制定決策的高層。層級不高不低，尚在力爭上游階段的你必須創造人脈，才能獲得你想要的協助。

然而人脈的累積並非一蹴可幾。經常可以在異業交流等會場，看見忙著在會場到處發名片的人。這些人只知道人脈的重要性，卻忽略了人脈的培養。試想，在會場忙著對在場所有人發名片的你，結束過後，會有多少人記得你，而你又記住了多少人？看著這幾十張的名片，你能想得起每一張名片的主人的長相、興趣嗎？若沒有辦法，眼前的名片對你而言，只是一堆無意義的紙片罷了。像這樣只顧著狂發名片的你，在他人眼中看來，只是個以自我為中心的人罷了。想要讓別人對你產生興趣，首先你必須先向對方表現出你對他的興趣。

半澤之所以能夠獲得許多人的幫助，就在於他懂得好好經營周遭的每一條人脈，而這樣的優質的人脈，將為他獲得來自他人的尊敬，為他帶來了更多好的人脈。

工作中，找對關鍵人物讓你事半功倍！

此外，半澤之所以可以在短時間內達到不可能的任務，就在於每次遇到難關時，他都能找到關鍵人物，並解決問題。例如伊勢島飯店一二〇億元運用損失一事，半澤也是透過在另一家銀行工作的友人油山的協助，找到了曾在伊勢島飯店的原會計負責人戶越茂則，並得知京橋銀行隱瞞了一二〇億元損失的警告，使東京中央銀行因此加貸二〇〇億元這件事，並發現銀行高層與伊勢島飯店羽根專務的私下勾結。

卡內基訓練大中華地區負責人黑幼龍曾言：「人脈，是一個人通往財富、成功的入門票。」然而，除了擁有優質的人脈，你也必須知道周遭人脈中誰是可以幫助你達到目的的關鍵人物，才能事半功倍地交出一張漂亮的成績單。

打造職場關鍵人脈地圖

長久以來，A的心裡一直有個疑問，跟他同期進出版社的M，兩人年紀相當，學歷背景也不相上下，說到對於工作的熱情，A自認也不輸給對方。然而，進公司一年之後，M卻開始明顯超越同期，他所提的新書企劃案，總是很快就能獲得總編與上層的認可與支持。A也看過M的企劃內容，內容的確不錯，但是客觀來看，他認為自己的企劃並不遜色於對方。為何M的案子屢屢能夠獲得高層垂青呢？他不但是同期最快升遷為資深編輯的人，聽說不久之後還將升任主編一職。

於是，A決定默默觀察M，他發現M處理工作的程序、與作者的溝通、上下班的時間，與自己並沒有什麼很大的差異。跟其他同事唯一不同的是，M似乎很喜歡在工作告一段落的休息時間，找不同的同事聊天。充滿疑問的A，決定親自去詢問M本人能讓自己的提案屢屢都能通過的祕訣。

面對A的提問，M也大方地不藏私公開：「老實說，我並沒有比你們厲害。只是，在提企劃案之前，我平常會多下一點功夫。」據M說，他在剛進公司的時候，也經常因為提案不通過而感到沮喪洩氣。當時，他向在同業界裡頗負盛名的某學長I請教，當時I教他的方法，就是打造辦公室內的關鍵人脈地圖。

實際操作方法

1. 首先，找出周遭會對你的工作造成關鍵性影響的人，這個人稱為關鍵人①。
2. 利用平時的交流，探聽對方的性格、特徵、家族成員、故鄉、興趣、喜歡的食物……寫下有關那個人的相關資訊。
3. 接下來找出對關鍵人①而言的最具影響力的人，稱之為關鍵人②。
4. 就像步驟2一樣，找出關鍵人②的相關資訊。
5. 接下來就依照上述步驟，依序找出關鍵人③④⑤……

這麼一來，M就獲得了一份專屬於他的辦公室關鍵人脈地圖，對於社內的人脈也有更深入的掌握。比方當他想提案一本有關健康醫學的新書企劃，但直屬上司C主編對這領域沒有興趣，他就會透過對這個議題有興趣的B主編，向T總編提這本書，就能加深上層對這本書的關注度。

這份關鍵人脈地圖的另一個好處是，可以幫助他一眼就看出有可能妨礙自己達成目標的障礙在哪裡。比方說，直屬上司C主編喜歡依據市場上同類型的書籍銷量，來判定是否發展這個主題。但並不代表T總編就是這樣。比起銷售數字，T總編更重視的是提案編輯本身對主題的深入瞭解與熱誠，這麼一來，你的提案中除了基本的數據調查之外，若能更強調自己對這個主題深入的調查，以及書本行銷相關的提案，就能打動上層採用你的案子。

捷徑人脈法：特助和司機

半澤在尋找淺野分行長虧空鉅款的犯罪把柄時，靠著和淺野專屬司機的不錯交情，成功得知了他近期常出入的銀行和存摺的放置位置，輕鬆獲得了兩條和上司有關的重要情報。

其實若你跟大老闆的特助或祕書，還有專屬司機熟識，這兩種人往往是知道老闆最多內心話的。例如A主管想知道老闆對於公關請客費用申請的態度，就可以先去問負責傳送簽單的特助，老闆是否常簽別的主管的公關費用，費用平均是多少，簽名的時候是否有所埋怨，就可以當作自己下次申請額度的參考。

但切記別問太多老闆的私事，否則就會流於打探老闆私事，傳回老闆耳中會令老闆對你居心起疑。而且若跟特助或秘書的關係打好，在老闆不想問員工的某些事情上，可以適時幫你說好話，為你解釋，簡直是多了一個無形的有利助手。要知道老闆也是有八卦或想說員工壞話的心理，但又無法直接跟員工說，他們有時候也只能夠跟特助或司機抱怨，而這些都會是非常好的職場情報。

由以上例子可知，平時除了要打造良好人脈，更要懂得如何在對的時機善用對的人脈。綜觀全劇，半澤直樹除了優秀的工作能力之外，其平日所培養的人脈網，以及在重要時總是能找到關鍵人物協助，也是讓他遇到難關能夠一一克服的主要助力。

Rule

05

勇於當最突出的木樁

「讓他們徹底審查，我想看他怎麼應對。要是應付不了的話，說明他不過如此。到時候就立馬把他調走吧。」

——大和田曉

半澤直樹之所以能勾起所有上班族的鬥志，在於他不畏來自上層的壓力，也不因此認輸。面對一個個「不可能的任務」，他總是勇於接受所有的挑戰，並且完美地達成了任務。最能激勵人心的是，半澤即使手上只有少得可憐的資源，卻依舊能不辱使命達成任務，甚至超乎原本的預期，這樣強大的工作能力，也讓他對上司嗆聲：「下跪磕頭道歉」時，顯得頗有說服力。

試想，若是半澤直樹一聽到不合理的要求，馬上搖尾乞憐，祈求長官給予協助，讓自己免於承擔這樣的「爛攤子」，或是以消極的態度擺爛，默默接受調職處分，這樣的他又怎能獲得無數上班族的共鳴。半澤直樹獲得眾多上班族的認同，就在於即使沒有資源，他也能把事情做起來，讓那些遇事軟弱龜縮、忙著推卸責任的上層知道，「小蝦米也能鬥倒大鯨魚」絕非底層人員們的幻想。

勇於挑戰才能讓人看見

經常聽到職場中有人抱怨公司資源太少、上司又不給力，自己一個人單槍匹馬地奮鬥，原本的滿腔熱誠就在周圍人的冷淡中，漸漸消磨殆盡，最後連自己也變得意興闌珊，公司給多少薪水，自己就做多少的事情，但求不出錯就好。

以上的想法，相信每個上班族或多或少都曾有過，說不定還有職場的老前輩會建議你：「多做多錯，不要做吃力不討好的事情，免得成了出頭鳥，還沒出聲啼叫就先被槍打死了。」日本有句俗諺：「突出的木樁易遭打壓。」意指，過於表現自己的人，容易無端成為他人攻擊的目標。堪稱職場處事經典的《後宮甄嬛傳》一劇當中，也經常提到，一個人若是鋒芒過露，往往容易成為眾矢之的，白白犧牲。

然而，這樣的道理卻不適用在半澤直樹身上，主要原因在於，對於銀行員而言，一旦遭到調職處分，就等於是被流放到外地，而且是有去無回的單程旅行。當下他若不達成任務，自己身為銀行員的前途便會就此黯淡無光，難以再翻身。有句話說：「危機就是轉機。」若非半澤接下眾人眼中的燙手山芋，並且順利達成任務，依照銀行的體制，他也許無法如此快速高升。

曾經帶領日本黛安芬創下連續十九年成長，被日本媒體喻為「平成百大經營者」之一的吉越浩一郎，針對前面提到的日本諺語「突出的木樁易遭打壓」，提出了他的反論：「要當最突出的木樁，不突出的木樁只會在土裡腐爛。」

面對挑戰時，尤其當那個挑戰乍看之下「不可能達成」時，周遭經常會出現反對的聲浪，告訴你情況有多糟、困難有多大、達成的可能性有多渺小，此時，原地踏步的人與出人頭地的人，兩者的差別就在於：前者會以旁人的阻擋為理由，說服自己不要「愚勇」，好好保守眼前就好；後者會不斷地從旁人的打擊中鍛鍊自己，讓自己越來越堅強，直到對方終於認輸不再打壓，甚至提供協助。

面對難以達成的要求，總之先「來者不拒」吧！

劇中，淺野分行長為了阻礙半澤直樹追回五億元，策劃了臨時審查，意圖阻礙半澤。得知此事的大和田常務，原本想出手協助半澤，讓他專心追回五億元貸款，然而他卻突然改變主意，甚至命令下屬不要手下留情。面對一臉疑惑的下屬，大和田說道：「讓他們徹底審查，我想看他怎麼應對。要是應付不了的話，說明他不過如此。到時候就立馬把他調走吧。」

這段話說明了一個道理，對於有發展潛力的下屬，上層往往會給予更艱難的考驗，唯有通過考驗，才能證明這個人才是真正的人才。半澤直樹最大的特點在於，面對挑戰，他表現的態度都是「來者不拒」。對他而言，人生沒有忍辱偏安的「放棄」選項，正因如此，面對困難考驗時，他心裡想的從來不是「該如何才能拒絕的藉口」，而是「怎麼做才能達成目標的方法」。

上帝只會給我們挺得過去的考驗

「你們所遇見的試探，無非是人所能受的。神是信實的，必不叫你們受試探過於所能受的。在受試探的時候，總要給你們開一條出路，叫你們能忍受得住。」聖經中所說的意思即是：上帝只會給我們挺得過去的考驗。

勇於反抗來自上層欺壓的半澤，面對艱難的考驗，從不尋找藉口推拒。他是在一次次的挑戰中，再三磨練自己的能力，讓自己成為真正的能人。也因為如此，半澤直樹的「反擊」才能成為真正有意義的成長過程，而非毫無意義的「敗犬遠吠」。

Rule

06

要求別人提供協助前，自己先誠心地付出

「你貸了金錢買不到的珍貴東西給我啊。半澤先生，你真是最笨的銀行家，同時也是最一流的銀行家。」

——小村武彥

為了追查東田的藏身處所，半澤拜訪了東田前妻的遠房親戚小村武彥。生病的小村行動不便，一個人孤單地住在醫院裡。因為遭受主要往來銀行的背叛，小村被逐出了自己一手創立的公司。因此，他對於身為銀行員的半澤極度反感，堅決不肯提供協助。

然而，半澤卻鍥而不捨地再三前往醫院拜訪。在幾次會面的過程中，半澤敏銳地察覺到孤身一人的小村對女兒以及外孫的思念。於是他與前來追查五億元事件的周刊記者交換條件，找出小村女兒的下落，讓他在臨終前得以享受短暫的天倫之樂。

終於一償宿願的小村，臨終前託女兒交了一封信給半澤，信上寫著：「你貸了金錢買不到的珍貴東西給我啊。半澤先生，你真是最笨的銀行家，同時也是最一流的銀行家。」還附上了東田藏身之處的地址。也因此，半澤才得以察覺分店長淺野與東田之間的暗中往來。

你的影響力取決於，是否將別人的利益擺在第一

半澤直樹之所以能夠打動最討厭銀行的小村，並獲得協助，最重要的一點在於，他不同於以往小村遇到的人。相較於小村自己所說的「跑到我身邊的人都是衝著錢來的」的那些傢伙，半澤一開始雖然對小村也有所求，他卻也給了小村「金錢買不到的珍貴東西」。

小村之所以說半澤是最笨也最一流的銀行家，在於半澤在沒有任何利益承諾的情況下，主動給予了他最渴求的事物，那恰恰是「窮到只剩錢」的他用金錢買不到的事物。因此，原本對銀行深痛惡絕的他才願意提供東田藏身之處的資料，助銀行員半澤直

樹一臂之力。

請求藤澤未樹提供協助時也是一樣，即使尚未知曉未樹最終的選擇為何，半澤仍然在會議上提出了融資給她的企劃案。有別於一般精打細算，打著「雙贏」口號，實際上是想藉由利益交換獲得好處的人，半澤卻是真正的打從內心願意協助想創業的未樹。

愛因斯坦說：「一個人的價值，應該看他貢獻了什麼，而不是他取得了什麼。」未樹之所以選擇了半澤，除了半澤肯定她的夢想，並提供協助她成就自我的助力，另一方面也是因為，她相信半澤直樹是個值得信賴的人。一個懂得為人著想的人，周圍的人會敏感地察覺到這一點，並聚集到他身邊。

成功的經營者都是利他主義者

古今中外知名的成功者，其實都具有顯著的利他特質。例如日本經營之聖稻盛和夫。二〇〇九年，日航面臨倒閉危機，已經退休十三年的稻盛和夫應日本政府之請，以高齡七十八歲的年紀出任日航董事長。

身為董事長的他自願不支薪，也不帶自己的團隊，隻身前往日航。以他的毅力與熱情，將自身經營哲學透過會議與信件傳授給日航員工，這樣的熱情與付出打動了全體員工，提升員工對企業與社會的責任心。僅僅一年的時間，日航創下三個第一的紀錄：「利潤第一。準點率世界第一。服務水平世界第一。」在稻盛的妙手回春下，原本處於破產邊緣的日航浴火重生。

稻盛和夫曾在其著作《生存之道—對人而言最重要的事》一書中，如此提及他的「利他經營哲學」：

「追求利益的心情是企業或人類活動的原動力。因此每個人都可以擁有想儲蓄財務的欲（譯註：指個人的慾望）。問題是這個欲不應該停留在利己的範圍內，應該拓展為對他人也好的「大欲」，即謀求公共利益。這種利他的精神散布到最後，也會為自己帶來利益或讓原本的獲利規模擴增。」

由此可知，利他精神最後的受益對象，終究回歸到自己身上。知名暢銷商業寓言書《給予的力量》中亦提到的五大法則，其中的「影響法則」：「你的影響力決定於，是否充分將別人的利益擺在第一。」正是半澤直樹的寫照。

身為銀行分店融資課長的半澤直樹，面對來自公司內部上層的打壓，還有外部難纏的敵人，在如此腹背受敵的不利情況下，為何仍然能夠影響許多人，讓同期的同事、下屬、以及原本沒有深交的竹下社長、藤澤未樹和小村武彥等人願意協助他，原因就在於他總是能敏銳地察覺別人的需要，並不計回報地先付出。真正懂得給予的人，全身會散發出打動他人的魅力，往往能夠適時獲得扭轉頹勢與人生的助力。

Rule

07

唯有捨棄一己私利的「笨蛋」主管，才能帶人又帶心

「你這個搞人事的，卻沒有看人的眼光。我的下屬可沒軟弱到讓你一逼迫就輕易就範。」

融資課長半澤直樹之所以能挺過來自社內高層充滿惡意的壓力，除了同儕渡真利時時傳遞第一手消息，他手下的三名下屬（角田、垣內、中西）也是很大的助力。全劇中可以看出三人對半澤這名上司的信賴，即使中途有人曾產生過動搖，最終還是會回到半澤這一邊。

劇中最經典的一幕就是，為了妨礙半澤追查五億元的下落，分行行長淺野設計了臨店檢查，與人事次長小木曾裡應外合，故意挑選大阪分行中業績最不好的三成融資企業。長達三天的臨店檢查，半澤團隊所準備的資料陸續被查出有缺漏，因此遭到調查員的百般刁難。在此同時，半澤發現下屬中西的神情有異，卻沒有多加詰問。最後一天檢查時，當調查員再次故技重施追問資料缺漏時，半澤團隊一舉提出當天早上事先準備好的資料影本，並當場搜到缺漏的資料就在人事次長小木曾的公事包裡。

正當小木曾還試圖狡辯時，半澤的下屬中西站出來揭露自己在檢查第一天目擊了小木曾偷取資料的現場，礙於對方的威脅，所以遲遲不敢說出來，並出示了當天早上小木曾威脅他不能說出此事的錄音。

「課長，對不起我先前一直保持沉默。」對於中西的道歉，半澤卻回應：「謝謝你勇敢說出真相。」並對面如死灰的小木曾大罵：「你這個搞人事的，卻沒有看人的眼光。我的下屬可沒軟弱到讓你一逼迫就輕易就範。」

如何帶人又帶心

半澤直樹之所以能夠擁有死忠跟隨他的部下，在於奉行「部下的功勞是上司的功績，上司的失敗是部下的責任」這個現實的職場中，他卻對部下總以真心相待。其實，不只是上司會挑下屬，下屬也在時時刻刻觀察上司是否是個值得尊敬的人。

相信每個當主管的人都知道，帶領下屬，最理想的境界是

「帶人又帶心」。然而要做到這個地步卻是知易行難。身為上司，好好了解你的下屬、掌握對方的個性及優缺點非常重要；更重要的是，上司也必須想辦法讓下屬充分理解你的方針、想法、以及人格。如此一來，彼此才能建立出超越公司組織規定的上下關係，從而產生人與人之間真正的信賴感。

《半澤直樹》一劇之所以能夠打動如此多的上班族，劇中身為中階主管的半澤直樹所表現出的上司形象，堪稱人人都想跟隨的理想上司。深究半澤之所以能夠得到下屬人心的理由，主要可歸納為以下幾點。

平常言行一致的表現

前面提到，下屬隨時都在觀察主管的一舉一動，評估對方是否是值得為其效命賣力的對象。例如平時喊著團隊應該同心協力的口號，卻總是把自己應該負責的工作分配給下屬，不顧其他人忙到通宵加班，自己一個人早早下班回家。這樣的上司即使話說得再好聽、口號喊得再響亮，下屬也無法真心信賴他。阿里巴巴集團創始人馬雲說過：

「誠信絕對不是一種銷售，更不是一種高深空洞的理念，它是實實在在的言出必行、點點滴滴的細節。」

準備五億元融資相關文件時，為了陪伴負責這個案子的菜鳥中西，即使當天是結婚紀念日，半澤仍然情義相挺陪伴下屬加班。而這種種一切，相信都看在團隊的成員眼中。

正因為平時的言行一致所累積的信賴感，即使之後遭遇來自社內上層的打壓，半澤的下屬仍舊選擇對他全力相挺。

嚴以律己，寬以待人的同理心

被日本企業奉為管理指南的《菜根譚》曾提及：「人之過宜恕，而在己則不可恕。」意即別人的過錯與失誤應當多加寬恕，自己的卻不可寬恕。另外也提到：「用人不宜刻，刻則思效者去。」也就是說，用人不要太苛刻，太苛刻，願意效力的人就會離去。由此可知，同理他人是掌握人心最重要的先決條件。

五億元裸貸事件後，不同於將過錯推給下屬的高層長官，身為融資課長的半澤直樹一人扛起追回借款的責任，而不是將過錯推給負責此案的中西。即使半澤的下屬中西與垣內面對高層的威脅利誘，雖然一度動搖，最後仍選擇跟隨他。半澤對他們的動搖所表現出的同理與諒解，正是讓下屬即使遭受不利，也願意力挺上司的原因。正如垣內對淺野分行長所說的「你沒有這樣挺你的笨蛋下屬」，唯有不計較得失地真心對人，才能獲得他人的真心回報。

協助下屬完成目標

有些主管只能共患難，無法共安樂。例如越王勾踐復國後就命令大臣文種自殺，漢高祖劉邦誅殺功臣韓信，古往今來，這樣的例子不勝枚舉，難免令人唏噓。台灣富豪汽車（VOLVO）總裁陳立哲說過：

「員工對於工作發展和升遷有一定的期望，主管應該站在員工的立場，協助他們達成發展目標。當員工感受到主管教育的用心、願意幫助他在公司內有完整發展和成長時，會對工作更熱情和投入，打從心底認同主管的領導。」

成功回收了五億元，並掌握分店長淺野犯罪證據的半澤，提出將他調到總公司營業二部擔任次長作為交換條件，不僅如此，他的另一個要求是：「把我們課裡的成員，全都調到他們想要的職位。」直至最後一刻，半澤並沒有被勝利沖昏頭，以為一切功勞都在己，而是讓每個曾經協助過他的下屬也完成了他們的目標。這樣的半澤今後若需要任何協助，相信這些人都會願意助他一臂之力。

綜觀以上，半澤直樹帶領下屬的原則完全體現了「帶人先帶心」的道理，想要他人超脫利益幫助自己，自己首先要超脫得失為他人著想。建立在彼此利益的上下關係，一但利益消失，很容易就分崩離析，唯有建立在人際信賴上的關係，往往能在遇到危難之際，驗證其堅強穩固。

に倍返。クソ上司に倍返し！部下のピンチを救えるか！？裏切り者も出現。10倍返しなるか！上司と部下の裏切り。半沢が出向に…！？生き残りをか
。5億から120億！東京で、倍返しなるか本店に異動した半沢は巨大な敵と戦う！半沢が土下座する！絶体絶命の大ピンチ。強敵ライバル登場！負け
向の危機。最終決戦！〜出向をかけた金融庁検査！100倍返しなるか最後に土下座するのは誰だ！友情か？裏切りか？やられたら倍返し！悪い上司に
かうニューヒーロー誕生！！5億を取り戻せるか？社宅での妻たちの戦い出世か？友情か？上司の濡れ衣を振り払え！悪者に倍返。クソ上司に倍返し！
ピンチを救えるか！？裏切り者も出現。10倍返しなるか！上司と部下の裏切り。半沢が出向に…！？生き残りをかけた戦。5億から120億！東京で
しなるか本店に異動した半沢は巨大な敵と戦う！半沢が土下座する！絶体絶命の大ピンチ。強敵ライバル登場！負ければ出向の危機。最終決戦！〜出向
た金融庁検査！100倍返しなるか最後に土下座するのは誰だ！友情か？裏切りか？やられたら倍返し！悪い上司に立ち向かうニューヒーロー誕生！！
取り戻せるか？社宅での妻たちの戦い出世か？友情か？上司の濡れ衣を振り払え！悪者に倍返。クソ上司に倍返し！部下のピンチを救えるか！？裏切り
現。10倍返しなるか！上司と部下の裏切り。半沢が出向に…！？生き残りをかけた戦。5億から120億！東京で、倍返しなるか本店に異動した半沢
な敵と戦う！半沢が土下座する！絶体絶命の大ピンチ。強敵ライバル登場！負ければ出向の危機。最終決戦！〜出向をかけた金融庁検査！100倍返し
最後に土下座するのは誰だ！友情か？裏切りか？やられたら倍返し！悪い上司に立ち向かうニューヒーロー誕生！！5億を取り戻せるか？社宅での妻た
い出世か？友情か？上司の濡れ衣を振り払え！悪者に倍返。クソ上司に倍返し！部下のピンチを救えるか！？裏切り者も出現。10倍返しなるか！上司
の裏切り。半沢が出向に…！？生き残りをかけた戦。5億から120億！東京で、倍返しなるか本店に異動した半沢は巨大な敵と戦う！半沢が土下座す
体絶命の大ピンチ。強敵ライバル登場！負ければ出向の危機。最終決戦！〜出向をかけた金融庁検査！100倍返しなるか最後に土下座するのは誰だ！
！裏切りか？やられたら倍返し！悪い上司に立ち向かうニューヒーロー誕生！！5億を取り戻せるか？社宅での妻たちの戦い出世か？友情か？上司の濡
振り払え！悪者に倍返。クソ上司に倍返し！部下のピンチを救えるか！？裏切り者も出現。10倍返しなるか！上司と部下の裏切り。半沢が出向に…！
残りをかけた戦。5億から120億！東京で、倍返しなるか本店に異動した半沢は巨大な敵と戦う！半沢が土下座する！絶体絶命の大ピンチ。強敵ライ
場！負ければ出向の危機。最終決戦！〜出向をかけた金融庁検査！100倍返しなるか最後に土下座するのは誰だ！友情か？裏切りか？やられたら倍返
い上司に立ち向かうニューヒーロー誕生！！5億を取り戻せるか？社宅での妻たちの戦い出世か？友情か？上司の濡れ衣を振り払え！悪者に倍返。クソ
倍返し！部下のピンチを救えるか！？裏切り者も出現。10倍返しなるか！上司と部下の裏切り。半沢が出向に…！？生き残りをかけた戦。5億から1
！東京で、倍返しなるか本店に異動した半沢は巨大な敵と戦う！半沢が土下座する！絶体絶命の大ピンチ。強敵ライバル登場！負ければ出向の危機。最
！〜出向をかけた金融庁検査！100倍返しなるか最後に土下座するのは誰だ！友情か？裏切りか？やられたら倍返し！悪い上司に立ち向かうニューヒ
誕生！！5億を取り戻せるか？社宅での妻たちの戦い出世か？友情か？上司の濡れ衣を振り払え！悪者に倍返。クソ上司に倍返し！部下のピンチを救
！？裏切り者も出現。

10倍返しなるか！

上司と部下の裏切り。半沢が出向に…！？生き残りをかけた戦。5億から120億！東京で、倍返
か本店に異動した半沢は巨大な敵と戦う！半沢が土下座する！絶体絶命の大ピンチ。強敵ライバル登場！負ければ出向の危機。最終決戦！〜出向をかけ
庁検査！100倍返しなるか最後に土下座するのは誰だ！友情か？裏切りか？やられたら倍返し！悪い上司に立ち向かうニューヒーロー誕生！！5億を
せるか？社宅での妻たちの戦い出世か？友情か？上司の濡れ衣を振り払え！悪者に倍返。クソ上司に倍返し！部下のピンチを救えるか！？裏切り者も出
0倍返しなるか！上司と部下の裏切り。半沢が出向に…！？生き残りをかけた戦。5億から120億！東京で、倍返しなるか本店に異動した半沢は巨大
戦う！半沢が土下座する！絶体絶命の大ピンチ。強敵ライバル登場！負ければ出向の危機。最終決戦！〜出向をかけた金融庁検査！100倍返しなるか
土下座するのは誰だ！友情か？裏切りか？やられたら倍返し！悪い上司に立ち向かうニューヒーロー誕生！！5億を取り戻せるか？社宅での妻たちの戦
か？友情か？上司の濡れ衣を振り払え！悪者に倍返。クソ上司に倍返し！部下のピンチを救えるか！？裏切り者も出現。10倍返しなるか！上司と部下
り。半沢が出向に…！？生き残りをかけた戦。5億から120億！東京で、倍返しなるか本店に異動した半沢は巨大な敵と戦う！半沢が土下座する！絶

Part 2

十倍奉還的管理力

Rule 08

重視現場才能獲得人心

「連面都沒見過的人，竟然就可以斷定那個人適合擔任社長？如果這番話是認真的，那你真的就是個大笨蛋！」

半澤直樹接手伊勢島飯店這個燙手山芋之後，隨著對飯店內部的狀況了解越深，他也發現了東京中央銀行內部高層與覬覦飯店社長寶座的羽根專務，兩人之間的勾結。面對來自內部高層的阻撓，再加上金融廳黑崎主任檢察官的內外夾攻，腹背受敵的情況下，他仍發誓要拚盡一己之力，守護伊勢島飯店，不讓飯店落入不肖人士手中。

為了不讓半澤破壞自己的好事，大和田常務主導了一場模擬金融廳檢查，讓自己手下的得意人才，人稱「調查之神」的福山啟次郎，與半澤直樹進行對決，一旦失敗的話，半澤必須將伊勢島飯店負責人的位子讓給福山。

現場考察與面對面交流的重要性

在模擬檢查上，福山搬出許多數據，一一指出伊勢島飯店數年來的虧損，表明企業的發展取決於經營者，現任的湯淺社長並不適任，唯有羽根專務才是適合擔任伊勢島飯店社長的最佳人選。只要由她進行大刀闊斧的成本刪減，便可提高飯店收益。

對於福山的提案，半澤嗤之以鼻道：「你這番話，是根本不了解現場的銀行員的異想天開！」並詢問福山是否見過他所推薦的伊勢島下屆社長候選人羽根專務。面對支吾其詞的福山，半澤指出福山嘴巴上說企業最重要的是人，卻從未見過最關鍵的人，只會對他人的話囫圇吞棗，僅憑先入為主的觀念就推薦羽根擔任社長，根本就是自我矛盾。更甚者，造成伊勢島飯店一二〇億元虧損的罪魁禍首，正是羽根本人。

半澤指出福山這樣的人所提出的重建計畫，根本就只是平板電腦上談兵，缺乏說服力：「你眼裡只有數字或數據，根本就不看眼前有血有肉的人。像你這樣的傢伙，我怎能把伊勢島飯店交給你！」半澤與福山兩人的對決，最後由半澤獲得勝利。

缺乏現實感的決策，只是紙上談兵

現實生活中，有不少人像福山這樣，眼裡只有數據資料，以為靠理論與邏輯便能處理好工作。

黃店長最近非常煩惱，受到不景氣的影響，他所經營的餐廳最近客人越來越少。為了避免赤字，確保利潤，他大刀闊斧地刪減成本，嚴格要求員工時時關燈、節約用水、降低廁所衛生紙的等級、餐廳支出的所有大小單據都必須經過他一一的檢查……，此外，他要求店員在用餐尖峰時段以外，把店內的燈關掉幾盞，冷氣也關掉，等客人來了之後再開。

原以為這樣的成本刪減，可以讓利潤增加。沒想到收益不增

反減。餐廳一過了用餐尖峰時段，上門的顧客人數大幅減少。不僅如此，過度苛刻的成本刪減，也造成店內員工士氣大降，

幾個正職的資深員工紛紛求去，剩下的幾個工讀生則是一副得過且過、做事不起勁的樣子，這樣的士氣低落也表現在他們的服務品質上，客人也因此越來越流失……

「電話」優於「郵件和訊息」，「見面」又優於「電話」

現在網路和智慧型手機太方便，大家往往過於仰賴電子郵件來告知溝通。其實，就算是已經用電郵告知的事情，最好還是打個電話詳細解釋，也不要認為寄了信對方就有義務要了解。你是

否也常遇到寄了信之後過了三天去問對方，對方才說不知道這件事情或忘了，就是因為沒有後續的電話確認。

另外，電子郵件和訊息沒有聲調和情緒，對方很難從中察覺你的真正意思，尤其是比較負面的訊息，例如你覺得對方的提案難以執行，想要婉拒之類的，最好還是打個電話，對方有其他疑問也可以立即解釋，而不會讓對方受到打擊而胡思亂想。最經典的案例就是，如果你的男女朋友用簡訊、電郵、甚至便利貼跟你談分手，有多少人可以接受呢？

舉個商場實例，住在南部的暢銷書作家的新作品已經寫好，有超過五家北部出版社寄了合約和行銷企劃案去爭取。最後決選的兩家出版社條件和企劃案都相差無幾。但最後作家選了A出版社，原因是他們不只提了企劃案，還跟作家約了時間，行銷團隊搭高鐵南下去高雄當面簡報理念，而B出版社只用了電話和電子郵件提案，最終A出版社果然勝出，這就是重視現場的重要性。

工作的成敗，端視你是否能掌握人心

有句話說：「櫃台後你怎麼對員工，櫃檯前員工就怎麼對顧客。」缺乏幸福感的員工，又怎麼做出能帶給顧客幸福感的服務或產品呢？由此可知，決定工作成敗的是人，若只注重理論與數據，卻忽略了人心，終究無法獲得成功。

現任頂新集團餐飲事業群副總裁李明元，自一九八四年加入台灣麥當勞，從最基層的掃地、洗廁所的實習生開始，一年半之後出任店長，三十九歲當上全球麥當勞位階最高華人——台灣麥當勞總裁，他也曾經說過：「一個沒有店長歷練的CEO，經常會做出不食人間煙火的決策。」

晉惠帝的一句「何不食肉糜」，使他成為千古笑柄，凡是不知民間疾苦的領導者或執政者，都會被人以「晉惠帝」形容。綜觀歷史，「富不過三代」的實例比比皆是。歷朝歷代的開國君主或偉大的創業者，均靠一雙手打天下，而其後代子孫卻因為含著金湯匙出生，過慣養尊處優的日子，遑論開創另一高峰，往往連守成也做不到。這一點在自視甚高的高知識份子身上也可看到。

半澤直樹之所以能超越同期入行的眾多同儕，在與銀行高層及菁英出身的官員黑崎等人的多次交手中獲得了勝利，原因正在於他總是親自勤跑現場，透過與對方面對面的交流，累積彼此真正的理解與信賴。藉由充分理解現場，並獲得人心的他，自然能夠獲得他人的助力，一一度過大小難關。

Rule

09

中階主管該學的人心籠絡術

「紅豆麵包，累的時候要吃甜的。」

劇中半澤和同事熬夜加班，為突如其來的「裁量臨店」（融資放款稽核）做準備，晚餐的時候就買了紅豆麵包給同樣沒吃晚餐的屬下中西，然後說了：「累的時候要吃甜的。」來慰勞員工，讓內心舉棋不定的中西下定決心要告訴半澤他發現的真相。

我曾經在Facebook頁面上看到某朋友的動態：「原來一碗美食街的餛飩湯就能收買我了（笑）」，大家都在下面留言猜測是哪個追求者送她的午餐，原來是那時她剛進一間新公司不太適應，萌生辭職之意，主管某天看她沒吃午餐而買的，她在下面就回說「有點捨不得離職了」。一碗餛飩湯就能讓員工打消辭意，是否比加薪升職的利誘還簡單呢？

台灣知名的出版人何飛鵬社長曾說過，他每週會找兩三天的中午隨機跟旗下主管一對一午餐，輕鬆的午餐時間營造出與開會截然不同的氣氛，可以了解許多員工的想法和私事。許多複雜的專案和重要的業績都是在這個時間達成。

另外在午餐的時間，同餐廳遇見的同事他也會一起買單，花小錢能讓同事開心，他覺得何樂而不為。這就是中階主管可以向大老闆學習的人心籠絡術。

「巧言令色」低成本而高回報

暢銷書《給你一間公司，看你怎麼管》作者南勇，也十分提倡做主管要「巧言令色」，他認為：「員工對於主管的關愛，總會格外放在心上，這一點管理者一定要明白，並積極利用。」這招用在員工身上，比用在主管身上的功效大上許多。

練習此種低成本高回報的事情，是想當一個好主管的人的最佳福音。可能只是一句「今天的髮型很好看、最近的業績很不錯喔、這個企劃案寫得很不錯。」，或是像半澤在加班時幫屬下買罐裝咖啡或是紅豆麵包，都能鼓舞員工一天的士氣。

說好話是要練習的，一開始可能會講得很彆扭或是不太自然，但這些看似微不足道的小事情或對話，會讓你的部下一直記得。但關於公事，該指正的還是要指正，否則就會流於一個怕得罪屬下的爛好人主管。

幫屬下找到適合自己的位置

管理學家彼得勞倫斯（Peter J. Lawrence）曾提出知名的「彼得原理」：在組織和企業的組織制度中，人會因為某種特質或才能，而被晉升到不能勝任的程度，最後反而會變成組織障礙和負資產。

簡而言之就是在公司之中，除了天生的奇才能適應各種職位和任務之外，優秀的員工總有一天都有可能被晉升到自己無法勝任的職位。

例如某位推銷手法很好的推銷員，因為業績出眾而升任業務經理，但這時候他要負責的工作就是管理底下的業務員而非銷售了；教課生動活潑的小學老師被升為校長之後反而無所作為，這在我們的日常經驗中應該有很多例子可以證實。

不把升職當成唯一獎勵

組織的管理者若想要破除此一問題，就是要嘗試不把升職當成獎勵員工的唯一方式，取而代之的，是多多深入了解員工的夢想，以加薪、休假、轉換任職地、彈性上下班等多元方式作為獎勵的手段。

曾看過開車上班的同事每天花時間找車位付出不菲金額，加班時還要抽空去移車繳費，十分麻煩。但他自己不好意思開口跟上層要求，主管從同事那邊側面得知之後，就代他向老闆建議配予公司停車位做為獎勵；也曾有單身的同事夢想利用國外出差來增廣見聞，達成之後他們都深深感激主管的體恤並成功提升了士氣。其實並不是每個人都有做主管的野心，而這些都是比升職更能打中人心的獎賞。

本劇前半段的結尾，和半澤一起打拼的屬下垣內被調到一直想去的紐約分行，中西被調到關西最大的難波分行，角田則留在大阪西分行擔任融資課長，這就是半澤直樹長期觀察屬下志向的具體實現。

Rule

10

半澤贏在速度，黑崎輸在獨裁

「下次要是再搞砸，就捏碎它（部下的蛋蛋）。」

——黑崎駿一

從一開始向東田催款，半澤就面臨到一個強勁的對手，也就是擁有龐大資源的國稅局督察官黑崎。此人來頭不小，之前是金融廳檢查局的主任檢察官，後來轉調國稅局，表面上來做標準程序稽查，實際是徹查東田逃稅的證據。

為了順利收回被倒的五億元，半澤一方面要應付隨時來找碴的上司交辦的任務，一方面必須要以簡約的人力，來和國稅局拚速度。因為一旦被國稅局先查扣，半澤的銀行就無法成功扣押東田的資產來抵銷這五億元的損失，那麼半澤就永遠也沒有翻身的機會了。

所以半澤可以說是拚了命在搜尋任何線索，只要一收到情報，就會立刻勤快的循線查緝，一絲一毫都不敢放鬆。

反觀黑崎的團隊，因為長官簡直如同暴君，對下屬不是拍桌就是謾罵，甚至還動手動腳，因此下面的人做事反而綁手綁腳，有什麼風吹草動都要先請示黑崎才敢行動，也因此在追查過程中老是慢了半澤一步。

獨裁，終將一言喪邦

在劇中常看到半澤總是接到一通電話或是一份快遞就出發了，可是黑崎卻是坐在辦公桌前，下面所有一干人等站成一片，低頭畢恭畢敬地一一報告，然後其中發現一條很重要的線索時，黑崎就會整個大暴走，罵說：「這麼重要的線索怎麼現在才說？」再去追時已經被半澤先行一步了。

在企業中，也不乏這種什麼事都要過問，然後什麼都不放手讓下屬學習的主管，其目的就是怕下屬知道太多，學得太快，很快會給自己造成危機。

這類型的主管多半能力不強，不願意教人帶人，要不就是行為懶散，自己不想進步也要妨礙別人進步。不論是哪一種，跟到這類主管絕對不是好事，奉勸你趁早換東家。否則青春都押上了，到頭來還是一場空。

〈論語．子路篇〉中，魯定公問孔子如何一言喪邦，孔子回答說如果國君強迫人民都要聽其命令，那麼將來就算國君說的是錯誤的也沒人敢指正，那麼一句話就可以讓國家亡國了。

敏捷與積極，是成敗關鍵

現今是個資訊發達的時代，所以光是拚情報是不能創造贏家的，想成功還要拚速度，拚積極度和勤奮程度。半澤的整支隊伍才三個銀行職員，外加一個被倒帳的小工廠老闆幫他在外面跑腿打雜。

銀行那三位平日還有正規業務要做，不像黑崎手下有十來個人，傾全力都只在查緝東田資產的下落。在這麼懸殊的實力之下，黑崎應該有必勝的把握才是。

可惜黑崎自己不出勤，每天只安逸的坐在辦公室裡面，等待所有人員回來報告進度，這在處理事情的機動性上就不利於己。再加上主管自己不帶兵，下面的人遇到困難也不試著理解就拍桌大罵，久了下屬難免心生怨念，然後有功勞也輪不到自己，做起事來誰還會積極勤奮呢？

拿市場競爭最激烈的 3C 商品來說好了，蘋果的 iPhone 橫掃全球，後來卻敗在三星的 Galaxy Note 上面。Android 作業系統的 Note 在美國上市後大賣一千多萬台，Note 2 也賣了五百多萬台。

這是因為長久時間等不到新版 iOS 作業系統的蘋果迷，看到 Galaxy Note 有大膽突破性的功能，因而紛紛跳槽投向三星的懷抱，讓原本以為坐穩江山的蘋果跳腳。

三星就是用積極的態度與研發的速度，瓜分了蘋果的市場，也讓現任的執行長如坐針氈。

雖然大家都喜歡用「精明狡詐」這類形容詞來形容黑崎，但再怎麼聰明精算的人，如果個人行事風格不能讓合作的團隊或是夥伴認同的話，是無法一起打拚出成功的路來。我想，黑崎在他的戲份中，也把「下屬的功勞是上司的，上司的錯由下屬承擔」這句名言完全發揮出來了呢！

Rule 11

與同儕彼此的互助

「渡真利、近藤，不論結果如何，我真的很高興有你們這些好同期。」

半澤令人稱羨的地方，除了家中有開朗的嬌妻、部門內有好部下、社外有一群願意協助他的助力，最重要的，還有社內兩個長年的知交——渡真利忍與近藤直弼。同在泡沫經濟時期進入銀行的三人，各自有不同的遭遇。難能可貴的是，三人始終能保有良好且正面的友誼。

尤其到了伊勢島事件，由於銀行內高層與社外的勾結，形成了半澤、渡真利、近藤三人聯手對抗內部高層的局面。即使近藤後來逼不得已「背叛」同儕，所幸三人後來仍然能夠不計前嫌、彼此合作無間，終於順利度過難關。從他們的關係當中，可以學到維持友誼最重要的幾件事。

與同事保持正面交流，也是一種自我投資

劇中經常可見半澤、渡真利、近藤三人一起聊天喝酒的畫面，同時期進公司的三人，經過了長時期的相處，培養了革命情感。值得注意的是，三人的聚會並非單純吐槽上司或公司的負面話題，也會一起分享工作上的成長、願景，並討論自己遭遇的難題，三人雖分屬不同部門，也會一起集思廣益，思考該如何才能

解決問題。

許多上班族平日工作上累積了一堆壓力，下班後的聚會往往很有可能成為了「抱怨＋八卦大會」，三杯黃湯下肚，旁人的負面新聞成了最佳的下酒菜，聊得興起，往往會再喝個第二、第三攤，花了大把的鈔票喝一肚子酒，腦袋裡裝滿的只有對公司和他人的怨懟，隔天醒來頭痛加上宿醉，想起公司虧待自己，只能拖著疲憊的身子心不甘情不願地去上班。

暢銷書《沒亂花錢，為何還是存不到錢》的作者田口智隆指出，對上班族而言，為了工作應酬和抒發壓力，偶爾參加聚會是必要的，然而聚會的話題若完全只有牢騷，還必須顧慮他人而參加第二、第三攤的聚會，不僅是一種浪費金錢的行為，一旦養成習慣，還會讓人變成只能原地踏步的窮忙族。

下班後別忘了與同事培養交情

有些人為了避免他人的負面情緒所帶來的影響，索性不參加同事聚會，與同事保持清淡如水的關係，下班後也早早就收東西走人。然而，當這樣的獨行俠一旦遇到了工作上的問題，想必也不太會有人願意主動伸出援手。將下班後的時間用在自我成長或進修固然是好事，然而利用這段時間與同事培養良好交情，彼此多討論自我成長這類正面話題，創造正面的人際交流，也可算是一種自我投資。

遇見難題，先試著與同事聊天

乍看之下，這兩件事情似乎毫無關連。其實曾經有個前輩教過我，當遇到工作的難題時，可能是某個聯絡廠商的電話找不到，或是某個很難處理的客戶提出了無理的要求，與其埋頭苦思或望著電腦煩惱是否該先請示主管，還不如抬起頭跟前後左右的同事聊天並提及此事，在聊天之中常常就會獲得解決的靈感。

同事可能會先七嘴八舌的一起跟你罵對方。這時候可能會有個人突然提出：「之前我曾遇過這個問題，我那時候是這樣處理的……」、「某某某之前好像也曾遇過這個問題，你可以去問他是怎麼解決的。」甚至是「這件事根本沒有你想像的那麼嚴重啊……」就算完全沒人提出有用的建議，也可以舒緩自己一個人窮緊張的壓力。

日本百萬暢銷書作者、同時也是聖心女子大學理事長的渡邊和子修女曾說過：

「愉快的事情，與他人分享，則喜悅將加倍；悲傷的事情，告訴別人的話，痛苦則可減半。」

這句話告訴我們同伴的重要性，若職場上能有同樣分享成就與挫折的夥伴在，相信一定可以成為自我成長的最佳助力。

對他人的錯誤不要過度苛求，應以同理心思考

《半澤直樹》一劇中，關於友情這部分深入著墨最多的，就是半澤與昔日同窗、同時也是同期進入銀行的近藤兩人之間的友誼。

原本與其他兩人一樣走在菁英之路的近藤，因為工作表現不良又無法適應來自上司的高度壓力，身體狀況因此變壞的他只能休養一段時間，復職之後卻被打入冷宮，從此一蹶不振。

所幸在半澤的激勵下，喚回了他的初心，重新振作的近藤發現了田宮電機與大和田常務之間的勾結，然而在大和田的利誘之下，深愛家人的他決定將能夠一舉打擊大和田的證據交給敵方。

對於近藤的背叛，半澤選擇與他正面對談把話講清楚，並表示：

「我不覺得自己被你背叛了。」

面對近藤的作為，半澤直樹選擇的不是責問，而是諒解。半澤體諒自己的同窗好友兼同期的辛苦與內心的糾葛，並對近藤所做的決定表示諒解。

由此，我們可以體會一件事：真正友情，在雙方彼此互信互助的情況下很難有真正的體會，唯有一方背叛另一方時，才能真的知道兩人關係穩固與否。

正如半澤對於部下的暫時背叛表現出體諒一般，半澤對於至親好友近藤同樣也表現了同理的態度，對他人的過錯不加苛求，並設身處地站在對方立場予以諒解，這份同理心正是讓曾經一度遠離他的夥伴再度回到自己身邊的祕密。而彼此之間的關係，也將因為過程中發生的挫折，因而變得更加穩固堅實。

Rule

12

向上管理的技巧

「上司的錯由下屬承擔，下屬的功勞是上司的。」

——銀行界名言

劇中半澤直樹雖然是個好主管、好同僚，但也是有看半澤不爽的人，那就是拼命想把虧空五億元貸款責任推到他頭上，奉行銀行業名言：「上司的錯由下屬承擔，下屬的功勞是上司的。」的大阪西分行長行長，半澤的直屬上司淺野匡。

當遇到像淺野這樣難纏的直屬上司之時，可以學習管理學中十分重要的課題「向上管理」。

不要對主管百依百順，九十%的服從最好

初入職場的新鮮人常常會犯一個錯誤，認為對你的主管百依百順，就是一個上級會喜歡的員工。但也不是說老是要跟主管唱反調，擺出桀傲不馴的態度，這樣當然會死得很快。

最好的方法是九十%遵從，但偶爾有一件事可以堅持自己的意見。因為百依百順的話容易令主管覺得你是個沒個性，沒想法，顯然也沒才華的人，斷了自己以後獲得重用的機會。

偶爾展現你的堅持和想法，讓他思考你的建議，反而會覺得你是個有在用心的屬下，會想好好與你溝通。

但要記得老闆也是好面子的，別公然地與他作對，有意見的

話可以私底下討論，甚至適時的把這個意見讓主管拿去發揮，這時候「下屬的功勞是上司的」，但主管也會承你的情，在心裡幫你記上一筆。

把主管當成你最大的客戶

同事A常愛跟同事B抱怨：「我明明正在算本月帳目，忙得要死，老闆卻一直跑來問我上次那個Case的後續怎麼樣了？就對方還沒有回覆啊。真的令人很困擾哩。他不知道算本月帳目比上次那個Case重要很多嗎？我只好每次都假裝沒看到他的留言。」

同事B：「原來是你都不回他喔，難怪他都跑來問我。我就回他說，對方還沒回覆，我今天會再打個電話給他。」

請問若你是老闆，會比較重視哪個員工呢？故事中的A不立刻回答老闆的問題，一心做自己覺得重要的事情，覺得老闆搞不清楚狀況。B則是把老闆給的工作擺在最優先，其實這才是真正可以獲得老闆重用的方法。因為老闆不可能很清楚每個員工手頭邊正在做的事情，但他交代的事情獲得回覆的速度卻是很清楚的。

主管也就像你的客戶，需要你隨時向他報告，但記得報告時記得先把建議的解決方案想好，再請他從中二選一或三選一，這樣他會覺得你很尊重他，也滿足了他下指導棋的心理。

而不是一副我什麼都還沒想的樣子，請你幫我解決；或是擺出「我已經決定就要這樣做了，聽我的準沒錯，有事我負責。」記得主管也要為屬下的行為負責，一旦講出這樣的話，表現出這樣的態度，主管一定會覺得你來亂的。

定期告知進度的重要性

再舉個例子。曾經合作過兩個外發美編，A美編的美感比較好，做出來的成品質感很佳，也總是切合主題，但是就是很愛搞失聯。每次問進度都拖很久才回，也常不接電話，因為他覺得客戶的電話或訊息會令他的靈感中斷。

B美編美感略遜一籌，但每次都能跟發案者保持暢通的聯繫，就算進度有點拖延也能照實告知，即使只是簡單的回一封信、傳幾張草稿、坦白會延遲而給最新的交稿日期。

長此以往，雖然A美編的才華明顯較佳，但愛搞失聯和不愛溝通的個性，讓他的接案量越來越少。

有才華的員工也是一樣，你雖然非常認真地埋頭忙自己的專案，但也要記得時不時向你的直屬上司報告自己在做什麼，讓他感覺對你的進度瞭若指掌，而不會覺得你是一個恃才傲物，難以駕馭的員工。

「功高震主」這句話，不管是在威權的專制時代，還是現代化管理的公司中，都是千古不變的真理。

職場就是有階級制度，不要幻想人人平等

有四個從大學起就無話不談的好朋友，他們畢業後也各自在不同的產業打拼，但賺來的薪水還是比不上花光的速度。S自某酒商離職之後，跟A提起酒商利潤頗高的事情，直接跟認識的義大利酒莊進口價跟台灣店面零售價差高達一〇〇%，可以說是賣一支賺一支。

A一聽覺得很有商機，立刻號召另外兩個朋友一起集資進口紅酒，四個人湊了八十萬打算進幾百支紅酒當起紅酒進口商。怎知從一開始就吵吵鬧鬧不可開交。大家學歷一樣，也都在各自產業擔任重要職位，聚在一起工作都互不相讓，誰也不聽誰的。

紅酒進了卻找不到順暢的銷貨管道，也沒人願意去跑業務或是運貨，最後只好各自賣給朋友和家人自用，還因分帳銷貨的利益談不攏，連朋友也做不成。

後來跟我們聊天時A感嘆，公司這種因利益結合的團體，裡面還是要有階級之分，大家都是股東，出一樣多的錢，誰也不聽誰的，誰也不想多做一些，怎麼有辦法維持運作呢？

公司也是如此，剛入社會的你可能無法甘心於總是屈居人下，為什麼要聽從主管的話，明明他的能力比我還差啊。其實就是沒有認清職場的現實。除非你像半澤直樹一下握有主管明顯違法的證據，不然現實生活中是很難像他一樣戲劇性的扳倒主管，跟主管公然作對的後果通常是搞到自己待不下去，黯然離職。

風靡兩岸的宮鬥小說《后宮甄嬛傳》中，女主角甄嬛有一個事事為她著想，通情達理的侍女崔槿汐，她懂的人情世故和待在宮中的時間並不少於甄嬛，但她不會像陪嫁侍女浣碧一樣總是急著出頭，她從不在皇上之前多講話，想搶主子的風采。只在甄嬛詢問或四下無人時才給予主子建議，不會擺出老鳥姿態給予主子指教，奉行「下屬的功勞是上司的」。

所以，就算你是個完美的人才，也記得時時保持謙虛的態度，在獲得更上層讚賞的時候，別忘了歸功於你的主管。就算可以獨力完成全部，也要記得保留一部分請示主管，才能滿足主管被需要的成就感。

管理大師彼得．杜拉克提供的十個向上管理祕訣

根據人力銀行調查，上一份工作離職的原因是面試官最常問及的考題，若回答與主管的相處有問題，通常也是最容易被扣分的項目。所以，除了做好自己的工作，不要再輕忽與主管的相處了。以下是彼得杜拉克的十個向上管理秘訣：

1.自信，不自傲2. 尊重，不卑下3. 服從，不盲從4. 決斷，不越權5. 親近，不親密6. 多聽，但不等於閉嘴7. 不把功勞都歸於自己8. 勇於表現自己，但不可鋒芒畢露9. 堅定地支持主管10. 無私、顧全大局。

成功的捷徑，就是為一個有前途的老闆工作

最後，如果你真的不知道該怎麼管理你的老闆，那麼建議你看看彼得．杜拉克（Peter Drucker）在《杜拉克談未來管理》中所說的：「成功的捷徑，就是為一個有前途的老闆工作。」真的沒辦法成功向上管理的話，就仔細思考換一個老闆的可能性或是自己當老闆的可能性吧。

100倍返しなるか最後に土下座するのは誰だ!

Part 3

克服挫折的夢想力

Rule

13

遠大的理想願景

「那些小小的燈光中，每一盞裡面都有一戶人家。我想成為可以幫助那些人們的銀行家。我不想成為只會工作的機器人。」

半澤直樹之所以能夠受到許多人的協助，一一突破工作上的各個難關，原因很多，例如前面提到的迅速實行力、優質的人脈網絡、傑出的工作能力之外，還有一點不容忽視的就是，他擁有了遠大的理想與願景。

五億元事件面臨了緊要關頭，在不知關鍵人物藤澤未樹選擇結果為何的前一晚，半澤帶著妻子花去欣賞夜景，看著眼下的點點燈火，他告訴花，自己不想成為只會工作的機器人，他想成為一個可以幫助他人的銀行家，讓每盞燈裡的家庭都能獲得幸福。

而面臨了與大和田常務最終決鬥的早上，在勝敗尚未明朗的狀況之下，花對半澤表示自己很佩服半澤想要改變銀行陋習的夢想，即使有可能接受調職處分，她也甘心支持半澤的理想。全劇中，除了花之外，也可以看到半澤身邊的人，例如同期的近藤、渡真利等人對半澤願景與理想的認同和支持，還有其他原本素不相識，卻願意在短期間之內信任他、並伸出援手的人。

人們本來就會因「夢想」而感動

德蕾莎修女、馬丁・路德・金恩牧師、賈伯斯、日本幕末維新志士坂本龍馬……這些人在不同的領域皆有其傑出的表現與深遠的影響力。立志「拯救貧苦人士當中最貧困的人們」的德蕾莎修女，撫慰了無數人的痛苦與哀傷；金恩牧師則是廢除不平等的人種差別制度；賈伯斯寫下了人類科技全新的一頁；坂本龍馬促成了日本的維新……。

以上這些偉人的共通點就在於：「擁有遠大的理想，並藉由持續的願景分享與實行，讓更多人願意投身一起達成其目標，為人類或社會帶來更正面的影響。」

以馬丁・路德・金恩牧師為例，他是美國黑人公民權運動的領導者，也是廢除人種差別運動的靈魂人物。他在演講上最有名的一句話就是「我有一個夢（I have a dream）」，他說：「我有一個夢，有朝一日，我的四個孩子將生活在一個不以膚色，而是以品行來評判一個人優劣的國度裡。我今天就有這樣一個夢想。」

其熱血且簡潔有力的話語，打動了許多人，並在一九六四年獲得了諾貝爾和平獎。在他三十九歲被暗殺之後，為了推崇他的功績，美國政府將一月的第三個星期一定為其紀念日。

由此可知，每個人在內心深處都在追求遠大的夢想，而引領潮流的先驅者，全都是擅長訴說其夢想與願景的人。他們總是能夠散發正面的能量，對大眾提案更好的未來，並獲得許多人的支持與協助，因而得以實現其夢想，造福人群。

讓人想要參與的「願景」的五個必備要素

曾獲得日本青年版國民榮譽大賞、社會貢獻人士表揚大賞的知名企業顧問加藤秀視，原本是飆車族，而且曾加入黑社會的他，如今卻成為致力輔導感化院不良少年少女的公益運動人士，同時也是一名成功的事業家。

他在其著作《今天開始，不再當只會追隨他人的應聲蟲！》一書中提到，擁有龐大的影響力，堪稱人生領導者的人，他們所高揭的願景都包含以下五個必備要素：符合有益大眾的原理與原則；不僅結果美好，其過程也很好；擁有每個人都能參與的空間；伴隨具體的行動；突破現實的框架。而這五個要素正巧是半澤直樹的願景為何可以打動他人的原因所在，以下將一一逐項分析。

1. 符合有益大眾的原理與原則

願景並非個人的夢想，必須是以大愛為基礎，造福眾人的夢想。而半澤想要成為可以幫助人們的銀行家夢想，正屬於此。在此並非是要犧牲個人的理想，一切以大眾為主，而是當你的願景是多數人追求或樂見其成的希望時，影響的規模與實現的可能性自然較高。

2. 不僅結果美好，其過程也美好

任何崇高的理想，在達成的過程當中一定會有犧牲。比方半澤與其同伴所受到的諸多阻撓以及妨礙，然而，參與的每個人在過程當中，都能獲得成長的動力。以半澤的同期近藤為例，先是因為工作的精神壓力過大導致身體出現狀況，後來又被調職到相關企業，但在參與半澤夢想的同時，他也漸漸地重新拾回自己的初心，重新振作。

3. 擁有每個人都能參與的空間

美好的願景要吸引眾多人參與，就必須擁有讓每個人都能參與的空間。唯有每個人都有實際的參與感，才會付出熱情持續下去。

如前所述，半澤並非事事都要攬在身上的獨裁者，能夠充分授權他人參與，並適時鼓勵並肯定每個人的付出與努力，也讓每個人在協助實現他的夢想的過程中，實現了自身的夢想。

4. 伴隨具體的行動

所謂願景並非空想，其必須伴隨具體的行動與實踐，才能擁有真正打動他人的力量。

正如半澤時時掛在嘴上：「不想成為只會工作的機器人。」而劇中他對周遭的人所表現出的同理與支持，正說明了他並非嘴上光說不做的人。

5. 突破現實的框架

所謂改變未來的願景，自然不在現狀的延長線上。現狀所無法帶來的美好未來，才擁有能夠吸引眾人的魅力。

劇中，銀行在許多人眼中都是「晴天借傘，雨天收傘」，只知利用他人危機趁虛而入、唯利是圖的機構，可謂是「私慾」的象徵。

身為銀行員的半澤卻不願成為這樣的人，而是希望能夠改善銀行的弊病，使其成為真正有利大眾的組織。這樣的夢想，自然具有吸引周遭的人提供協助的魅力。

由以上可知，想成就一番志業的人，必須擁有足以改變未來、具有利他性的正面願景，才有魅力吸引旁人一同為了這個目標而努力。而在實踐夢想的過程中，當然會遭遇諸多障礙與困難。

巴西作家保羅．科爾賀在《牧羊少年奇幻之旅》曾言：「當我真心追尋著我的夢想時，每一天都是繽紛的，因為我知道每一個小時都是在實現夢想的一部份。……當你真心渴望某樣東西時，整個宇宙都會聯合起來幫助你完成的。」

全日本創下兩億九千萬本驚人銷量的漫畫《航海王》，描述立志成為航海王的魯夫夢想獲得偉大的祕寶（One Peace），成功吸引了許多志同道合的夥伴一起在偉大的航道之上努力。就像牧羊少年和航海王一樣，世界上的每個人都有一個偉大的寶藏正在等待著你去追尋。所以，先找出你的夢想，自然就會吸引一起打拼的同伴，宇宙中的心想事成法則也會讓你嘗到甜美的果實。

最重要的一點是，在這樣的情況下，你仍然要不斷與人分享你的願景，同時身體力行付出行動去實踐，這樣的言行一致與堅持，將是讓你持續不斷獲得別人的肯定與支持的重要關鍵。

Rule

14

運動，人生更有競爭力

「你狠命朝我臉打的時候，肯定是碰到什麼事了。又被委任了什麼不想做的工作了？……總之，把壓力釋放出來，可別都悶在心裡。不然的話，不知不覺就會……我那時要是也一根筋地揮劍就好了。」——近藤直弼

提到半澤直樹這個人的優點，除了優越的工作能力、明晰的頭腦、足以服人的同理心與溝通力、敏捷的行動力之外，還有一點就是，他強健的體魄與活力。劇中，不同於只會在冷氣房中拿著平板電腦分析數據的福山等「菁英」，半澤為了說服每個重要的關鍵人物，每每總是一身合身西裝，頂著大太陽四處奔走。

這是不容忽視的一點，因為要有如此敏捷的行動力，一定要有強健的體魄為基礎。試想，假使今日的半澤動不動就感冒，在大太陽下走個十來分鐘就中暑，他又如何能勤走現場，一一說服每一個人呢？半澤強大的行動力與諸多優越的才能，一切都必須要有強健的體魄為基礎，才得以一一施展。

優秀員工的必要條件：一為體力、二為力氣、三為能力

日本黛安芬前社長吉越浩一郎在其著作《入社會3年，薪水翻3倍》一書中明確說到，想要成為職場上的搶手人物，務必遵守「一為體力，二為力氣，三為能力」的基本原則。吉越指出，

一個人再優秀、能力再強，若缺乏足夠的體力與力氣去支撐這樣的能力，便沒有辦法充分發揮自身的實力。若想成為能在職場中持續成長的真正人才，一定要深刻體認這樣的道理，並將其化為自身的行動準則。

K與D兩個新人甫進入公司時，都是上層寄予厚望的人才。兩人同樣畢業自不錯的大學，在校成績優越，社團的表現也相當亮眼，態度正面進取。然而，在上司眼中，K的表現似乎又比D亮眼一些。

K對於工作的態度可說是「全面燃燒」，雖然只是新人，才進公司不久，他已經是全公司加班到最晚的人，甚至還有好幾次直接在辦公室熬夜到清晨，直接趴在辦公桌上補眠一兩個小時之後，在公司的廁所漱洗完畢又繼續投入工作，這樣的拚命三郎精神，連上司也自嘆弗如。

相較之下，D很少加班，他總是不疾不徐地處理工作，今日的預定進度完成後，他會在下班前整理桌面，然後就準時下班。聽說他一週有三天會在下班後去健身房運動，假日期間會享受個人喜愛的登山活動與閱讀。

相較於滿腦子只有工作的K，D的表現雖然也頗佳，對工作的熱情似乎遜色一點。眾人都覺得，這兩個新人，將來一定是對工作積極的K先出人頭地。

然而，一年以後卻是D先得到了升遷的機會。拚命三郎的K因為長期的加班與過度勞累，身體健康大不如前，也經常因為身體不適而經常遲到或請假，工作上的表現大不如前。而總是不疾不徐處理工作的D，表現卻有了顯著的成長，他每天總是精神飽滿地前來上班，然後專注地處理工作，從交付給他的每一件工作當中，學習自己的不足之處，再一點一滴地改善，其效率與生產能力的進步，漸漸獲得了上層的注目。也因此讓他成為同期當中最先獲得拔擢的人。

曾就讀哈佛管理學院（HBS），並在世界知名企業麥肯錫內擔任企業顧問的日本知名商務人士戶塚隆將，在其著作《世界的菁英們都在遵守的基本守則》一書中，提到了成功商務人士都相當注重其健康管理，他們很少遲到、請假，總是讓自己保持在最佳的狀態下，讓實力得以充分發揮。

定期運動，是維持健康身心的不二法門

《半澤直樹》一劇當中，半澤每每遇到了難以突破的瓶頸，急需抒發壓力的出口時，他都會與昔日同窗好友近藤一起練習劍道。經過一番拚搏之後，壓力與鬱悶也隨著汗水一起發洩蒸發，讓他重新獲得挑戰的鬥志。

近藤在擔任課長時，來自上司的羞辱讓他壓力過大無法紓解，產生了壓力型精神分裂症。所以他後來感嘆應該學習半澤用健康的管道排解。

正如半澤一樣，許多成功人士都擁有運動的好習慣，諸多研究也指出「定期運動的人不容易累積壓力」。

成功者都知道運動的重要

攀爬過五十四座百岳的王品集團創辦人戴勝益在採訪中表示，他首創了「王品新三鐵」政策，把攀登玉山、單車環島、泳渡日月潭這三項運動，作為員工日後升遷與否的重要參考指標。

暢銷書作家吳若權每天的工作十分繁忙，除了擔任企業管理顧問、每天還固定主持廣播和上電視通告和持續不斷的文字創作，可謂是兼了三份差的工作狂。

在如此緊湊的行程之下，他還是保持著每天固定晨泳的習慣，他說運動除了治好他多年的宿疾鼻竇炎之外，這段時間也幫助他思考工作上的難題。無怪乎他在繁忙的工作之餘，還可以出版數量驚人、當代作家皆難以望其項背的近百本暢銷書籍。

經營知名婚紗品牌 C.H. Wedding 的藝人賈永婕，除了是照顧三個小孩的職業婦女，同時也熱中於鐵人三項運動（游泳一千五百公尺，自行車四十公里，跑步十公里），多次達成連許多男生都無法完成的三鐵賽事。她還會約員工一起在下班後參加慢跑訓練，培養團隊合作的默契。

二〇一三年她失去了重要的工作夥伴設計師黃淑琦和感情很好的父親，她在《51.5 公里的瘋狂》的書中自敘，就是靠著持續不斷的運動習慣才能度過如此情緒的低潮。

運動，改善情緒最佳的興奮劑

一九七五年，科學家首次發現了透過游泳、跑步、舉重、單車等長時間的運動後，我們體內就會產生「腦內啡」（endorphin，意思是生物體內生成的嗎啡）這種物質。研究顯示腦內啡等同天然的鎮痛劑，可以令大腦產生愉悅的感覺，也稱之為「跑步者的愉悅（Runner's High）」。

所以，若你正糾結於工作上或情緒上的煩惱，不妨試著做個大汗淋漓的運動，不僅可以獲得健康、精實的身體，還可以充分改善情緒。

此外，《遠見雜誌》第三二〇期也以「愈運動愈成功」為題，報導中引用美國哈佛醫學院精神科臨床副教授約翰．瑞提（John Ratey）醫師的研究：「大腦有如肌肉，用則進，廢則退，運動身體等於運動大腦，促進神經連結，還刺激腦神經細胞增長，強化大腦功能。」說明運動不僅有益維持健康，更能增進一個人的大腦功能，強化工作上的表現。

劇中，劍道運動所培養的堅韌精神力，讓半澤直樹擁有強大的壓力承受力，更能讓他在面臨強敵攻擊時，發揮敏銳的反應。此外，經常運動所培養的強健體魄，也讓半澤直樹得以應付龐大的工作量，發揮其實力。

除了以上好處之外，運動也能增進人際關係，跟夥伴一起流汗、抒發壓力，有時必須一起合作發揮腦力與他隊較勁，藉由分工合作贏得勝利，與此同時也能增進彼此間的信任與認同，學習人際交流的訣竅，可謂好處多多，百利而無一害。

Rule

15

真正的成功，建立在與人的互信互惠上

「你務必要重視與他人之間的羈絆。千萬別像個機器人一樣只知道工作。」

——半澤慎之助

《半澤直樹》一劇除了主角追討五億元呆帳以及填補一二〇億元的龐大損失這兩項不可能任務的挑戰之外，劇中另一個最吸引人心之處就在於人際關係的描寫。半澤直樹之所以能獲得許多人的幫助，在於他一直記得父親生前諄諄教誨他務必要重視人與人之間的羈絆，千萬別像麻木不仁的機器人一樣只知道工作。

然而，半澤並非一開始就奉行這個道理，五億元事件爆發當初，半澤急於找出東田的下落，於是他前往西大阪鋼鐵會計課課長波野吉工作的地點，逼迫對方交出祕密帳簿，誰知波野竟然在半澤的威脅逼迫下心臟病發。看著眼前一臉痛苦的波野，半澤想起了父親生前說的話，在那之後，他開始改變了做事的方式，凡事先以他人為優先，也因此得以一反頹勢，獲得了諸多助力，得以力挽狂瀾。

得人者昌，失人者亡

正如半澤的好友渡真利所說的，半澤的行動都以利他為出發點，諸如竹下社長、藤澤未樹、伊勢島飯店的湯淺社長與會計課課長戶越、以及至親好友近藤……這些人之所以願意相信半澤，並提供協助，原因都在於半澤首先主動對他們提供了協助，這些人為了報答，也付出了相對的回報，助他一臂之力。由此可見，半澤與這些重要貴人的關係，主要建立在彼此的互信互惠之上。

而這樣重視人際的半澤，其對照組就是大和田常務。同樣是富有野心、頭腦明晰，且工作能力極強的兩人，最大的不同之處在於：遇到困難時，半澤從不會為了明哲保身捨棄戰友，而大和田只要情勢不對，立刻翻臉不認人，冷酷地將過去聽從自身指示從事不法行為的手下，當成棄子輕易丟棄。其結果就是，半澤在眾人的協助下完成了任務，大和田卻被自己的親信背叛。

唐代文學家李觀（元賓）在《項籍故里碑銘序》中提到「得

人者昌，失人者亡」，意即得到人心者會興盛，失去人心者會敗亡，而這句話恰恰正是半澤直樹與大和田曉的最佳寫照。

真正的人脈，建立在利他的同理與行動

觀察半澤得人心的理由，主要可以歸為以下五大要素：

1.創造自己的可利用價值

在要求他人協助之前，半澤直樹會先敏銳地察覺對方的需求，並提供自己的協助，先讓自己成為對方的貴人。

2. 夢想、願景的共有

將對方的理想與自己的願望結合，創造可共同實踐的願景。例如五億元的回收，讓竹下社長可以重建公司、藤澤未樹一圓創業之夢。伊勢島一二〇億元損失的填補與金融廳的檢查中，讓湯淺社長得以重振飯店，並改革舊有的經營積習與弊病、戶越重回工作崗位、好朋友近藤恢復以往的自信並拾回身為銀行員的初心。

3. 以誠待人，必要時不害怕衝突

一旦認定對方是自己的戰友，半澤絕對遵守「真誠」原則，並非斤斤計較對方與自己的利益平衡，而是發自內心為對方著

想。因為這樣的一片誠心，讓他在重要關頭不害怕與對方發生衝突，只為了讓對方更加堅定朝著自己的夢想前進。例如說服湯淺社長賣掉前代社長的畫作收藏時，他就當面表示：「只要有一%可以拯救伊勢島飯店的機會，不論是惡鬼或惡魔，我都當定了！」這片真心，也打動了原本猶豫不決的湯淺社長。

4. 言行一致

一個人無論願景再美好、承諾再動人，若沒有伴隨一致的行動，終究無法獲得他人真正的信任。不同於以「晴天借傘，雨天收傘」的銀行高層，半澤確實為了他人而付出努力，這樣的利他主義，最終也成為善果回報到他身上。

5. 務必創造共贏的結果

半澤最大的難能可貴之處，在於即使自身最終的目的已達成，他也一定協助同伴完成其心願，創造共贏的結果。最重要的是，在與半澤合作的過程當中，這些人都獲得了突破自我的正面成長，幫助他人成就自我與成長，正是最大的給予。

由以上可知，不論是五億元事件或一二〇億元事件，半澤都擅長打造正面的人脈循環，這樣的他，之後即使遇到再大的困難，相信依舊能夠獲得他人的協助。

Rule

16

想好再學賈伯斯和半澤直樹

「在現實生活中模仿半澤作法的話，只會讓自己無容身之地。」——原著小說家池井戶潤

《半澤直樹》一劇之所以受歡迎，在於誇張的戲劇效果幫許多被上司欺壓的上班族出了許多怨氣。但戲劇和小說的內容畢竟不是真實人生中會時常上演的，我們進公司工作也不是為了要報殺父之仇。原著作家池井戶潤和主角堺雅人同聲都說，這樣的抒發手段和做事方法不可能在真實職場中上演。如對上司及老闆嗆聲，把文件丟到客戶身上、跟媒體爆料公司機密、偷翻主管的辦公室、不假外出等等，恐怕都會先被公司開除或吃上刑事責任，哪還有機會跟對方說十倍奉還。

特例或天才，難以被複製

科技業鬼才賈伯斯，也是以為人猖狂著稱。最為人所知的就是一九八五年賈伯斯被自己創立的蘋果電腦股東會強迫辭職，陷入人生的最低潮。

一九九七年被請回挽救瀕臨破產的蘋果擔任CEO，成功請走股東會，拿回公司主導權，並推出新產品挽救了蘋果公司。看來完全是一個現實生活中的半澤直樹復仇記。

暢銷全球的《賈伯斯傳》中，曾揭露許多他的爭議作風。

與微軟合作時，他覺得微軟抄襲麥金塔的圖形介面設計，當著十位員工的面發飆大罵比爾蓋茲：「你這個不要臉的小偷，我信任你，你卻從我們這裡偷東西！」二〇一〇年在蘋果控告 HTC 侵犯蘋果二十項專利的官司訴訟時，賈伯斯在家大罵 Google 的 Android 是偷來的產品，撂下狠話不惜花光蘋果放在銀行裡的四百億美金也要毀掉它。（後來雙方互告七次，終於達成十年專利和解。）

賈伯斯受爭議之事多不可數：不承認自己的私生女；不發給公司元老兼老友卡特基股票；雖然配有主管專屬車位，但還是熱愛占用殘障車位，還一次停兩格；當面辱罵開除員工毫不留情面；花大錢打廣告諷刺對手公司ＩＢＭ……但賈伯斯的蘋果電腦是全世界最成功的公司，他有成功的才華，追求完美的熱情無可比擬。半澤直樹和賈伯斯的熱情都令人佩服，但這種瀕臨危險邊緣的做事方法卻不是一般人可以仿效的。

畫虎不成反類犬；刻鵠不成尚類鶩

〈後漢書．馬援傳〉中曾言：「……龍伯高敦厚周慎，口無擇言，謙約節儉，廉公有威，吾愛之重之，願汝曹效之。杜李良豪俠好義，憂人之憂，樂人之樂，清濁無所失，父喪致客，數郡畢至，吾愛之重之，不願汝曹效也。效伯高不得，猶為謹飭之士，所謂刻鵠不成尚類鶩者也。效季良不得，陷為天下輕薄子，所謂畫虎不成反類狗者也。」

大意是說東漢將軍馬援有兩個侄兒馬嚴、馬敦，兩人都喜歡結交輕薄的朋友和評論朝政。馬援自己有兩個好朋友龍伯高和杜季良。他對姪兒說：

龍伯高敦厚謹慎，不道人是非，簡約勤儉，廉明又公正，我自己很敬愛重視龍伯高，希望你們可以學他。而杜季良豪俠好義、憂人之憂，樂人之樂，跟各類人都能當好朋友，他父親去世，附近的人都來弔唁，我對他也是敬愛重視。但我不希望你們跟杜季良學習。

學習龍伯高不成還可以成為一個謹慎的君子，就像要畫天鵝，就算不像也像隻野鴨；但若沒學習到杜季良的憂人之憂樂人之樂的本質，只學到了到處交朋友這點，很容易就會流於輕浮薄涼，這就是畫虎不成反類犬。

學習正確看待人生偶像的方法

新聞媒體和觀眾往往只聚焦在半澤課長爆氣要別人下跪道歉或嗆狠話的場面，而沒有深入探究為何半澤每次都可以成功達成任務。

選擇一位平和穩定的成功導師，而不是每次都抱持投機心態豪賭一把，隨時會爆氣的亡命之徒。如同父母要小孩認真讀書，小孩就搬出首富某某學歷也不怎麼樣啊，比爾蓋茲、創辦臉書的祖克伯也是大學沒畢業就去創業等例子來反抗。其實他們的成功並不來自於中斷學業，而是來自於對自己的掌握。若沒有相同的才華或際遇而硬要學習偶像任性而為，就像只學到對方的皮毛而沒學到精髓，徒然貽笑大方。

Rule 17

無論如何，不要挑戰社內倫理

「半澤直樹次長……我命令你調職前往東京中央（Central）證券，擔任營業企劃部部長一職。」

——中野渡謙

《半澤直樹》一劇在一片叫好聲與高收視率下落幕，然而結局相信讓不少人看了之後覺得不解，甚至感到不可置信。協助中野渡行長剪除大和田勢力，而且是協助銀行度過金融廳檢查的最大功臣半澤直樹，雖然如眾人預測一般升職成為部長，他卻被調任到小公司東京中央（Central）證券，等於受到了變相的降職處分。

五億元事件解決時，竹下社長曾說過一句令人印象深刻的話：「正義偶爾站在我們這邊。」這句話的耐人尋味之處在於，正義並非「總是」站在對的那一方，而是在那起事件當中，「偶爾」站在他們身邊。

這句話在一二〇億元事件中隨即得到印證，為非作歹、意圖拉下行長的大和田只遭到輕微的懲處，還能保留常務的位置，而為行長保住位置的半澤，竟由行長親自宣布要將他調任到分公司去。這樣的結局正說明了：企業裡沒有真正的是非對錯。正義並非永遠站在對的那一方。

槍打出頭鳥，切勿輕易挑戰社內倫理

半澤直樹這個角色的塑造，獲得了不少共鳴，尤其是他快意恩仇，以牙還牙、以眼還眼的分明個性，更讓無數受到「上司的錯由下屬承擔，下屬的功勞是上司的。」委屈的上班族大聲叫好，意欲仿而效之，對豬頭上司大喊：「加倍奉還；十倍奉還；百倍奉還！」

然而，原著小說作者池井戶潤在接受雜誌採訪時卻呼籲「別學半澤直樹」，他表示：「現實世界中模仿半澤作法的話，只會讓自己無容身之處。自己想說的話讓半澤代替你說出來這樣就夠了。」

事實上，正如池井戶潤所說，職場上，像半澤直樹這樣的出頭鳥，勢必成為人人眼中的槍靶子。半澤直樹固然戰功彪炳，然而他在董事會上當著諸多高層的面逼迫大和田常務下跪的舉動，無疑是讓他成為眾矢之的的原因。

對半澤而言，可以說他一直以來的所有努力與奮鬥，就是為了讓害死父親的仇人下跪認錯，但是當天看在不明就裡的眾多高層常務眼中，區區一名次長竟然當眾逼迫常務下跪，這無疑是大大違背社內倫理的行為。而他在金融廳檢查當中對黑崎桀驁不馴的態度，也成為落人口實的把柄。

商場瞬息萬變，沒有永遠的敵人也沒有永遠的朋友

老謀深算的行長劇中寡言沉默，在權力鬥爭當中，乍看之下似乎是大和田常務處處佔上風。然而他卻懂得下賭注在半澤直樹身上，並在最後關頭賣了自己宿敵一個大人情，讓大和田今後無法再反抗他。依常理來想，行長理應更加重用半澤直樹這樣的大好人才，但是為何結局卻大大出乎眾人意料之外呢？其實，半澤最大的失算就是，他的復仇計畫當中忽略了中野渡行長的立場。

劇中的東京中央銀行，其內部一直以來就有兩股勢力：一股是中野渡行長代表的東京第一銀行，另一股是大和田所屬的舊產業中央銀行。自從合併後，兩派人馬暗中角力拮抗。耐人尋味

的一點是，半澤曾說過他根本不在乎銀行內部的黨派勢力之爭，然而，半澤直樹不在乎，並不代表其他人也不在意。其中，最在意這一點的的恐怕就是一直以來追求社內黨派勢力融合的中野渡行長。

行長之所以輕縱大和田，有充分的理由可以推測是因為顧慮舊產業中央銀行派系的想法，想趁機拉攏其勢力中最大的障礙人物，而懲罰半澤的原因，正在於他的地位特殊，若就此重用舊產業中央銀行出身的半澤，恐怕會引起自己所屬勢力東京第一銀行的反感。此外，不受黨派控制、恣意拉下大和田常務的半澤直樹，也是老一派舊產業中央勢力的眼中釘。

由此可知，懲罰半澤直樹可以說是中野渡行長基於合理考量下的決定。在企業裡，即使你的工作能力再強、表現再搶眼，若是無法為上層所用，其結果仍舊會成為一枚棄子，被利用過後，拋棄於權力遊戲的棋盤之外。

無論如何，若想平步青雲、步步高升，務必站在能決定你命運的人的立場，為他著想。由半澤直樹的結果，可以明白知道商場上的形勢詭譎易變，沒有永遠的敵人，卻也沒有永遠的朋友，若想持續生存，懂得審時度勢，才是最佳的明哲保身之道。

高寶書版集團
gobooks.com.tw

新視野 New Window 128
看半澤直樹，學 10 倍職場成功術：
小職員和中階主管出人頭地，提升戰力的 17 個生存定律
作　　者　夕顏
編　　輯　蘇芳毓
校　　對　林婉君
排　　版　趙小芳
美術編輯　宇宙小鹿
出　　版　英屬維京群島商高寶國際有限公司台灣分公司
Global Group Holdings, Ltd.
地　　址　台北市內湖區洲子街 88 號 3 樓
網　　址　gobooks.com.tw
電　　話　(02) 27992788
電　　郵　readers@gobooks.com.tw（讀者服務部）
pr@gobooks.com.tw（公關諮詢部）
傳　　真　出版部　(02) 27990909　行銷部 (02) 27993088
郵政劃撥　19394552
戶　　名　英屬維京群島商高寶國際有限公司台灣分公司
發　　行　希代多媒體書版股份有限公司 /Printed in Taiwan
初版日期　2013 年 11 月

國家圖書館出版品預行編目（CIP）資料

看半澤直樹，學 10 倍職場成功術：小職員和中階主管出人頭地，提升戰力的 17 個生存定律 / 夕顏著 . -- 初版 . -- 臺北市：高寶國際出版：希代多媒體發行，
2013.11　面；　公分 . -- (新視野 128)

ISBN 978-986-185-929-3(平裝)

1. 職場成功法

494.35　　102020766